"十四五"职业教育国家规划教材

中国高等教育学会工程教育专业委员会新工科"十三五"规划教材

交互设计

从理论到实践

INTERACTION
DESIGN

李芳宇 著

U0211220

ZHEJIANG UNIVERSITY PRESS
浙江大学出版社
·杭州·

图书在版编目（CIP）数据

交互设计. 从理论到实践 / 李芳宇著. —杭州 ：
浙江大学出版社，2019.11（2024.1重印）

ISBN 978-7-308-19783-0

Ⅰ. ①交⋯ Ⅱ. ①李⋯ Ⅲ. ①人-机系统-系统设计
Ⅳ. ①TP11

中国版本图书馆CIP数据核字（2019）第266504号

交互设计——从理论到实践

李芳宇　著

责任编辑	吴昌雷
责任校对	高士吟
封面设计	苏　焕　周　灵
出版发行	浙江大学出版社
	（杭州市天目山路148号　邮政编码310007）
	（网址:http://www.zjupress.com）
排　　版	杭州晨特广告有限公司
印　　刷	杭州高腾印务有限公司
开　　本	710mm×1000mm　1/16
印　　张	16.25
字　　数	162千
版 印 次	2019年11月第1版　2024年1月第3次印刷
书　　号	ISBN 978-7-308-19783-0
定　　价	66.00元

自从我在2016年获得《交互设计》全国工程硕士专业学位研究生教育在线课程重大建设项目立项,到2017年开始在线慕课建设的准备和录制,这过程中包括了教学PPT和教学资料的建设和探索,随着2018年8月慕课在学堂在线的正式上线,我撰写一本交互设计相关教材的愿望愈加强烈,在这个过程中,撰写本书的思路愈加明晰。

多学科融合的交互设计是引导产品创新设计、提升设计体验的重要方法。我国目前在一些院校的工业设计、艺术设计等专业中开设此课,现有教材及教学资源严重不足。同时随着信息技术的发展和移动应用的大量普及,包括互联网企业在内的行业对交互人才的创新思维和专业能力都有强烈的需求。对人机交互的关注始于我10多年前在浙江大学计算机科学与技术学院求学的时候,博士毕业后在西南交通大学工业设计系任教期间,正逢交互设计学科在国内迅速发展,我自2012年起开始面向博士生和硕士生开设交互设计课程,2016年起在本科生中开设了交互产品设计课程,仍记得刚开始开设课程的时候,国内交互设计相关的书籍和教材非常有限。

我长期从事HCI人机交互设计、老龄化背景下产品交互设计研究、医疗健康产品交互设计研究和应用人机工程研究。近年来指导学生在联合国开发计划署"青年创客"挑战赛、"创青春"全国大学生创业大赛、"中国高校计算机大赛移动应用创新赛"、"中美青年创客大赛"、"创青春"四川省大学生创业大赛等各项赛事中获得金银铜奖等多项奖项。通过多年的教学、科研与实践,我对交互设计这一学科有了更为深刻的认识,对学生在交互设计知识学习过程中的需求和遇到的困惑有了切身的体会和了解。因此在本书的撰写过程中,我采用理论与设计实践相结合的方式,期待读者通过阅读本书,能够系统掌握交互设计相关的基本概念、基础理论,以及交互设计所涉及的应用领域及其关键技术,深入理解用户研究的定性和定量研究方法,掌握交互原型设计和可用性测试的一般方法与流程,培养读者应用交互原型设计相关软件熟练进行交互原型设计的能力,提高读者在 IT、IoT 和 ICT 等领域的设计视野和设计实现的能力。

在撰写过程中,文中的素材和案例,由我和我指导的学生共同整理和完成,感谢李琳和张瑞佛对全书的统稿和校稿的支持;感谢张瑞佛、李琳、王唯、尹鑫渝、王畅、刘英啸、马卉和王萍对正文 1-8 章的支持;感谢廖慧莲、王唯、刘英啸、张瑞佛对设计案例1MyLab 的支持;感谢唐楚、李琳、孙智捷、刘爽、安然、刘音对设计案例2 银幸农场的支持。同时也感谢吴昌雷编辑、责任校对高士吟编辑和浙江大学出版社各位工作人员在出版过程中的耐心帮助。

本书得到了中国高等教育学会工程教育专业委员会新工科"十三五"规划教材项目、四川省重点研发项目(2019YFS0087)、成都市科技局国际科技合作项目创新环境提升计划(2017-GH02-00091-HZ)、成都市软科学一般项目(2017-RK00-00368-ZF)、四川省哲学社会科学重点研究基地老龄事业与产业研究中心重点项目(XJLL2019002)、浙江省健康智慧厨房系统集成重点实验室2019 后期资助项目、西南交通大学 2018 教材建设研究课题新形态教材《交互设计》建设项目、西南交通大学 2019 研究生专著培育项目、西南交通大学建筑与设计学院学术出版计划的支持,在此一并表示感谢。

本书中有一小部分图片来源自网络,没有明确出处,联系不上具体的作者,在此表示感谢,若知具体出处,可与我联系并指正。

在书稿的撰写过程中,因受自身水平的限制,在本书中可能还存在一些错误或不足,敬请广大读者多多指正和包容。

李芳宇

2019 年 11 月于成都

目录
Contents

第3章

用户体验

第4章

交互之源：用户研究

交互升级：创新设计思维

从概念到完整信息架构设计

第 **7** 章

交互细节:体验的完整表达

交互实践:体验原型设计

第
9
章　设计案例 ━━━━━━━━━━━━━━━━━━━━━━━━━━━━━━━━━━

第1章

交互设计概述

1.1 无处不在的交互

"交互"一词最早出现于《京氏易传·震》:"震分阴阳,交互用事。"意思是:宇宙间的一切都在互相交互,永不停止。交,即交流;互,即互动;交互,就是交流互动。

生活中处处充满"交互",如果用人与人之间的交流互动去解读,或许可以帮助我们理解"交互"的概念。当我们拿起手机解锁时,手机会对用户操作产生视觉反馈及语音反馈,如解锁动画、解锁音效等;在使用手机进行支付时,用户可以选择密码支付、指纹支付以及面容支付,手机则根据用户操作完成支付,这些呈现了人与手机的交互过程(图1-1)。

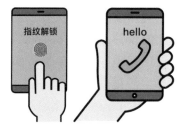

图1-1　解锁时手机与人的交互

不妨再看一个例子,当你按下电梯面板上的楼层按钮后,如果此时按钮没有变化或者没有任何提示,你可能会反复操作,甚至担心是不是按钮失灵了,或是认为电梯去不了该楼层。这种疑虑其实根植于日常的交互习惯,用户习惯了按下按钮就有灯光或是语音的提示。不仅如此,交互行为遍布生活的每个细节,只是因为交互系统的良好运转而被人们忽略。

通过前述小例子,我们可以感受到交互是人与某种事物(人、机器、系统、环境等)发生双向的信息交流和互动,是服务接受方与服务提供方相互交换信息的过程。需要注意的是,这种交互是双向的,如果只是单方面的输出,而没有第二方的参与,那就难以构成交互。有请求、有应答、有执行的行为才是交互行为。

1.2　交互设计

1.2.1　定义

　　机器系统的良好运行为用户带来顺畅的用户体验,但机器并非"天生"就能与用户对话,它取决于设计师、工程师们对机器交互行为的规范和设定。

　　1990 年,比尔·莫格里奇(Bill Moggridge)首次提出"交互设计"这个词语,把它定义为对产品的使用行为,还有任务流程和信息架构的设计,它的目的是实现技术的可用性、可读性,为用户带来愉悦感。交互设计之父艾伦·库珀(Alan Cooper)在《About Face 4:交互设计精髓》中提到,交互设计是在设计交互式数字产品、环境、系统和服务的过程中的实践[①]。丹·赛弗(Dan Saffer)认为交互是两个主体之间的行为,通常涉及信息交换,还可以包括实体或服务的交换。交互设计就是为各种可能发生的交互进行交互方式上的设计。交互发生在人、机器、系统之间,存在各种不同组合[②]。在《交互设计超越人机交互》一书中,普利斯(Preece)指出交互设计为人们日常工作与生活提供互动产品。唐纳德·A.诺曼(Donald A. Norman)在《设计心理学》中指出,交互设计超越了传统意义上的产品设计,是用户在使用产品过程中,人和产品之间因为双向信息交流所带来的可以感受到的一种体验,具有很强烈的情感成分[③]。吉利恩·克兰普顿·史密斯(Gillian Crampton Smith)在 *Designing Interaction* 一书中指出,交互设计是通过数字人造物来描述人的日常生活。德·梦(De Dream)认为交互设计这项技术能够使产品更加易于使用,有效而且令人愉悦。国际交互设计协会第一任主席赖曼(Reimann)将交互设计定义为:交互设计是定义人工制品(设计客体)、环境和系统的行为的设计。国内学者李世国、顾振宇在《交互设计》一书中说道:交互设计是定义、设计人造系统的行为的设计领域,他们定义了两个或多个互动的个体之间交流的内容和结构,使之互相配合,共同达成某种目的。交互系统设计的

---

①Alan Cooper,Robort Reimann,David Cronin,等.About Face 4: 交互设计精髓[M].倪卫国,刘松涛,杭敏,等,译.北京:电子工业出版社,2015.

②Dan Saffer. 交互设计指南[M].2 版.陈军亮,陈媛源,李敏,等,译,北京:机械工业出版社,2010.

③Donald A. Norman. 设计心理学[M].北京:中信出版社,2016.

目标可以从"可用性"和"用户体验"两个层面上进行分析,关注以人为本的用户需求[①]。辛向阳教授在《交互设计:从物理逻辑到行为逻辑》一文中提出,交互设计,设计的是人的行为,以用户的目标为导向,强调用户体验,用符合人的认知和行为习惯的行为逻辑来设计人与产品之间的操作与互动流程[②]。

1.2.2 相关概念

想要更好地理解交互设计就需要区分几个相近的概念。.

用户操作计算机,同时计算机对人的操作做出提示和反馈,在这个过程中,人和计算机之间产生的信息交流就是交互。计算机可以对人的操作做出提示和反馈,那么计算机就是可交互的,具有可交互性。同时交互、可交互、交互性概念也适用于人与服务组织,人的非产品、具体、个体之间的信息交流。从人机交互的角度来说,用户界面是人与机器之间传达和交换信息的媒介,是用户和系统进行双向信息交互的支持软件、硬件以及方法的集合。

除此之外,与交互设计有关的术语,如 UX/UE、UCD、HCI/HMI 等也是交互设计及相关研究需要阐释的对象。

用户体验(UX/UE,User Experience)主要是指用户在使用产品或接受服务时建立的主观心理感受,这种心理感受由于个体的差异而不同,包括对产品产生的所有情感体验,也就是使用产品时产生的情感情绪。ISO 9241-210 的标准中将用户体验定义为"人们对使用或预期使用的产品、系统或者服务的认知印象和回应"。通俗来讲就是"东西好不好用,用起来方不方便",对于不同个体而言,东西好不好用只有从个体主观认知得来,因此用户体验是基于主观意识提出来的,而影响它的因素有三种:系统、用户及相关使用环境。

以用户为中心的设计(UCD,User Centered Design)是指在设计过程中,以用户体验为设计决策的中心,强调用户优先的设计模式。在进行产品设计、开发、维护时从用户的需求及感受为出发点,以用户为中心进行产品设计、开发及维护,而不是让用户去适应产品。无论产品的使用流程、产品的信息架构,还是人机交互,UCD 都时刻高度关注并考虑用户的使用习惯、预期的交互方式、视觉感受等方面。

①李世国,顾振宇.交互设计[M].北京:中国水利水电出版社,2012.
②辛向阳.交互设计:从物理逻辑到行为逻辑[J].装饰,2015(1):58-62.

人机交互/人机互动（HCI/HMI，Human-Computer Interaction/Human-Machine Interaction）是一门研究系统与用户之间的交互关系的学科。这里所指的系统可以是各式各样的机器设备，也可以是计算机信息化的系统和软件。人机交互界面是指用户可见的部分，用户通过人机交互界面和系统进行交流和操作。从手机上 App 的触控按钮，到飞机上驾驶舱的仪表盘，都涉及有关人机交互的用户界面设计，这包含用户对系统的认知理解，关注系统的可行性和对用户的友好性。

用户界面（UI，User Interface）是用户和系统之间实现信息交互的交互媒介，用户界面不仅是人与计算机、手机软件等传统界面，还包括人类进行信息交互的机器、设备和工具。人机用户界面可以分为硬件、软件用户界面。硬件用户界面是指用户能接触到的产品硬件部分，比如计算机的键盘、鼠标，机器的实体按钮、操纵杆等。软件用户界面是指图形用户界面，是用户和各种软件实现交互的信息传动媒介，比如电脑操作系统、手机的操作界面、手机 App 界面。

图形用户界面（GUI，Graphical User Interface）是指图形的显示方式在视觉上更容易被用户接受的计算机操作用户界面，它改进了早期计算机的命令行界面，让用户可以更加直观地从视觉上接受信息。由于它带给用户更多的视觉信息以及利用图形的改变来提示用户"状态的改变"，因此 GUI 比命令行更复杂，消耗更多的计算机资源，但是 GUI 比命令行界面更加直观，实用性更强。

命令行界面（CLI，Command-line Interface）是指可在用户提示符下键入可执行指令的界面，通常不支持鼠标，用户通过键盘输入指令，计算机接收到指令之后执行指令。尽管命令行界面不像图形用户界面那样方便用户操作，但比图形用户界面更加节省计算机系统的资源，在熟悉界面的前提下，使用命令行界面，往往比使用图形用户界面的操作速度更快。

网页用户界面（WUI，Web User Interface）可以理解为网页风格用户界面设计，计算机界有时也将"无知用户的无知行为"造成的故障称作 WUI，即 Witless User Ignorance。

手持设备用户界面（HUI，Handset User Interface）中的手持设备技术一直朝着普适计算方向发展，图形用户界面仍然基于桌面隐喻，以 WIMP 为范式、直接操作和所见即所得这三个特点，持续了近 20 年的统治地位，并一直沿用至今。近年来，诸如移动电话、iPad 和 Surface 等便携式移动设备已被广泛使用,并且与传统的人机界面相比,这些设备的人机界面发生了翻天覆地的变化。但很多时候,这些设备界面只是将网页版的界面移植到手持移动设备,用户在使用时会出现极度的不适应性。因此,针对移动终端的用户界面交互设计——手持设备用户界面交互设计已逐渐发展成为完整的交互设计分支。

多通道用户界面(MUI,Multimodal User Interface)可以适应目前以及未来升级的计算机系统要求,满足时变媒体、三维操作、非精确及隐含的人机交互。多通道用户综合采用视线、语音、手势等新的交互通道、设备和交互技术,使用户利用多个通道以自然、并行、协作的方式进行人机对话,通过整合来自多个通道的、精确的和不精确的输入,捕捉用户真实的交互意图,提高人机交互的自然性和高效性。20世纪80年代后期以来,多通道用户界面成为人机交互技术研究的崭新领域,在国内外都受到高度重视。

自然用户界面(NUI,Natural User Interface)中的"自然"一词是相对图形用户界面GUI而言的,该用户界面虽然要求用户必须先学习软件开发者的预设操作,但是在NUI上,用户只需要使用最自然的、最人性化的交流方式,比如语言、语音和文字等与机器之间进行互动。简而言之,使用NUI计算机不需要键盘或鼠标等外部输入设备,直观便捷的触控技术使人机交互的过程变得更加自然,更为人性化。

交互说明文档(DRD,Design Requirement Documents)主要用于解决沟通偏差、需求遗漏等问题,由交互设计师撰写,提供给前端、测试及开发工程师等相关人员参考。DRD内容主要包括文档说明、设计背景、产品架构、设计原型、全局说明,如图1-2所示。不同的项目会有不同的工作流程,在实际操作中要根据项目实际情况撰写合适的交互说明文档。

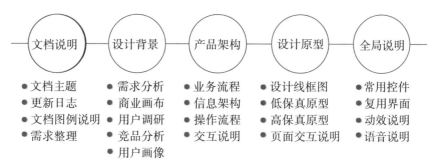

图1-2　交互说明文档

产品需求文档（PRD，Product Requirement Documents）用于产品研发阶段，是用来与相关人员进行产品信息传递与沟通的工具，有助于研发团队理解产品。PRD的结构和格式一般根据项目情况进行定义，一份完整的PRD至少包含变更日志、需求描述与功能设计。变更日志详细记录产品的变化情况，避免理解差异出现产品设计偏差；需求描述介绍产品功能、用户需求、业务需求等；功能设计包括产品业务流程、信息架构、产品原型、产品交互逻辑等。功能型PRD会将产品设计尽可能详细化，包括产品应用详细功能、交互说明等，如图1-3所示。

图1-3　产品需求文档

市场需求文档（MRD，Market Requirement Documents）主要描述产品如何在市场上取得成功，围绕市场、竞品、用户和设计产品进行分析。通过对现有市场存在问题进行表述，寻找用户动机目标以及机会点，形成具有特色功能和特点的设计产品。MRD包括文档说明、市场说明、用户说明、竞品分析、产品方案以及发展路线，如图1-4所示。

图1-4　市场需求文档

按照莫格里奇对交互设计的定义,分别剖析设计和交互,有助于进一步理解交互设计。斯坦福设计研究所提出设计创新三要素的观点,如图1-5所示。设计是为某产品或者系统构建,并进行规划和标准制定的一个创造性过程,这个过程在技术、人性价值、商业的交叉中寻找价值和设计创新。交互则是从人物角色关系、用户行为、情境、所用技术(PACT元素)方面构建交互式系统框架,有助于理解现有系统运行的模式,然后运用设计,让系统中所有元素达到最好的组合效果。

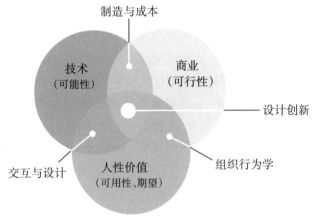

图1-5 设计创新三要素

1.2.3 意义

按照马斯洛需求层次理论而言,好的设计不仅要满足我们人类基本的物质需求,还应该满足社会责任、自我实现的深层次人性价值的诉求。设计理论家维克多·帕帕纳克在《为真实的世界设计》中强调了人与环境、资源之间的关系。设计存在的价值也是为了消除人性的阴暗面,防止在满足人性价值过程中对资源的浪费,对自然的破坏。所以交互设计也遵循这种朴素而原始的伦理法则。

交互设计学科形成前,交互已然存在于产品与用户之间。彼时的市场竞争中,企业聚焦于技术变革所带来的效益,而对于计算机的设计却处于粗放状态。"企业关注技术和市场数据,无视设计,就只能创造出令人厌恶的数字产品。这些数字产品粗鲁无礼,要求人适应计算机,如出现错误,则需要人的大量劳动。"艾伦·库珀等人开始注意到计算机与用户交互存在的问题时,也意识到设计能为产品带来的改变——"设计产品与用户的交互过程,规范产品行为,让计算机适应人"。

迈克诺夫·马尔科姆曾经提到交互设计定义了两个或多个客体之间沟通的内容和结构,使之相互配合,从而共同达成某种目的。所以交互设计不仅仅是为了满足一种技术系统,还包括其他非物质产品的服务。除了改变计算机的粗鲁行为,交互设计同样要解决用户在使用服务过程中所遇到的问题。

交互设计强调理解人们如何体验事物,以及他们在体验过程中的情感,所以,交互设计也是基于用户情感对用户行为的一种设计。按照唐纳德·A.诺曼在《设计心理学》中的叙述:直达内心的设计能够影响用户自身的情感,从而导致用户的行为,为用户带来愉悦感。

除此之外,交互设计能够帮助用户了解开发流程。通过用户调研和用户研究等方法观察用户行为,了解用户和相关的使用场景,深入研究分析用户的心理模式和行为模式。对研究数据进行分析,总结出用户使用产品的流程和习惯,从而创造出更符合用户习惯、体验良好的产品。在交互设计过程中要对技术、成本、市场等条件进行综合考虑,使设计模型能够更加全面地反映产品所处的开发环境。

在设计开发过程中通过不断进行可用性研究,从而挖掘新的用户需求和发现产品使用问题。通过可用性研究对产品进行螺旋上升式地迭代和更新,在下个交互设计流程中解决问题从而形成一个良性循环。

1.3　交互设计的发展

交互设计研究源于人与计算机的交互,与计算机发展史有着密不可分的联系,图1-6反映了交互设计发展的几个代表性产品时间节点。

20世纪40年代到60年代正是计算机诞生的初代,冯·诺伊曼式的计算机需要人参与输入和输出的操作,虽然人机交互研究大量出现,但此时的计算机性能完全无法支撑用户想要的良好体验,交互设计仍被忽略,哪怕是随着技术的发展,穿孔纸带和穿孔卡片替代原有输入设备,这时的计算机仍然操作复杂,只有少数专业技术人员才能操作。

图 1-6　交互发展史

直到20世纪60年代初期,工程师们开始关注计算机的使用者,才出现为用户更好输入数据的控制面板。到了20世纪70年代,基于大规模集成电路的诞生,计算机的硬件性能开始质变,C语言随后诞生,提供了更多的处理功能,为交互的繁荣提供了一个崭新的平台,用户和计算机之间产生了更多的可能。这个时代还诞生了奥托(Xerox Alto)计算机,这是全球第一台基于图形界面的计算机,拥有不同以往的输入设备和视觉输出设备,甚至诞生了第一个为适应人类的思维和使用习惯的功能——文本处理工具。这是一台从普通用户的理解力和能力角度设计的计算机,人机界面成了图形交互的起源,也是交互形式的重大进步。

1984年的一次会议上,比尔·莫格里奇希望将软件和用户界面设计结合,初期命名为软面(Soft Face),在1990年进一步更名为交互设计(Interaction Design)。作为一门专注于交互体验的新学科,交互设计在20世纪80年代正式诞生。

互联网的迅速发展催生了万维网等新鲜的应用,Web界面作为新的交互界面,承载用户通过网页页面看世界的功能。基于Web的交互设计至今仍然处于不断发展的状态,许多Web交互范式和交互控件仍保留至今。

移动终端自20世纪80年代开始迅猛发展,其功能从简单通话功能发展出许多类似计算机的功能,智能手机的诞生为信息交互设计开启了移动终端新时代。硬件能力的提升和操作系统的成熟赋予了智能手机更多、更强大的功能和更广阔的使用范围。智能手机逐渐渗透到人们社交、生活的各个层面,成为人们信息交流活动中最具代表性和最受欢迎的工具。

随着技术的进步,传感器与微处理器的尺寸不断缩小,价格降低的同时也被广泛嵌入应用到各种产品中,人和产品的交互不再是以往的简单操纵,而是为了人和产品之间的良好沟通,实现更好的产品使用体验。

虚拟现实技术和可穿戴设备技术的发展,使得交互方式也变得更加多样,传统的人机交互模式逐渐升级成为新一代高级的用户界面,交互手段也变得多种多样,催生出更加符合用户自然行为的自然用户界面。

当我们还沉浸于各种App的触屏操作和手势操作时,一些变化正在悄然发生,很多App都开始支持语音搜索,AI语音操作甚至可以遥控智能家电。越来越多的智能服务进入我们的生活,回顾过去交互设计的发展历程以及现在发生的变化,我们甚至能够想象到未来的交互面貌:人机交互的实现或将以语音交互等自然交互为主要形式,将发展出结合体感和手势的自然多通道交互形式。

赫拉利在《未来简史》中说道:未来,算法会比我们更了解自己。我们知道人类从有想法到说出声音需要一个过程,而在未来,算法能在你说出口之前提前知道你想要干什么,并帮你完成。传说中的心灵感应或许会发生在我们面前。预期设计是未来交互的主要体现。过去的交互设计还停留在传统设计的阶段,需要通过烦冗的操作来完成交互过程。未来交互的主要体现则是"预期设计",通过对用户进行多重数据的分析,包括用户日常数据分析、行为逻辑分析、偏好习惯分析等,创建一个无须用户做选择做决定的环境。通过构建用户使用逻辑使计算机代替用户进行选择,促成结果的自动化呈现,尽可能地减少步骤,使交互设计尽可能地接近自动化。

1.4 交互设计与其他学科的交叉关系

交互设计的理论来源于早期的设计科学。彼时的交互设计尚在起步阶段,而心理学、工业设计、人机工程学等相关学科发展相对较为成熟,所以交互设计深受这些学科的影响。赫伯特·西蒙(Herbert Simon)认为:设计科学是科学与技术之外存在的第三知识体系。西蒙认为:科学研究解释了世界发展的规律,即"是什么";技术研究则揭示了改变世界的方法,即"能如何";设计集成了科学与技术,专注于事物的本质,即"应如何"。随着科学技术的发展,交互设计已形成了与工业设计、视觉设计、电子工程、人机交互、心理学、人类学和社会学等交叉的综合性学科,如图1-7所示。

图1-7 交互设计与其他学科的关系

跨学科视野、融合多专业领域知识的交互设计是引导产品创新设计,提升设计体验的重要支持,交互设计学科的知识体系如图1-8所示。

图1-8 交互设计学科知识体系

在技术层面,交互设计涉及计算机科学、计算机语言、信息设备、信息架构学等多个学科;在用户层面,交互设计涉及行为学、人因工程学、心理学等;在设计层面,交互设计与工业设计、界面设计、产品语意及传达等设计学科又有关联。

交互设计与工业设计学科有很多相通的基础,两者都是以用户为中心而展开的设计。随着产品在数字化时代背景下的信息化和智能化革命,软件在产品及其衍生服务中起到关键性的作用,设计师的设计目标无法是单一存在的硬件产品,而是为了用户能够获得更好的体验,产品设计必须实现软件和硬件的完美配合,交互设计的参与可以帮助了解产品使用环境、人的活动。工业设计把物品作为设计对象,交互设计的设计对象却是一个随着使用变化的行为过程,在此过程中,用户基于外界环境和内在需求行为,产品对行为进行反馈,用户再根据反馈行动。这个循环往复的过程就是交互设计的对象。交互设计的工作创作流程与工业设计的流程也有很多相似的地方,用户研究和设计调研阶段通过多种用户研究手段,调查用户及产品相关的使用场景,深入了解和定义用户,并在考虑用户调研结果、技术可行性和商业模式后,为设计目标创建概念并多次迭代概念。工业设计与交互设计的主要区别在于工业设计的思考是基于产品进行的,这个过程有可视的载体和实际的物质载体,而交互设计更关注信息传达、交互、应用、服务的拓展、延伸等方面的设计价值。此外交互设计和工业设计都关注双向沟通性,不仅赋予产品功能、意义,还利用交互式产品促进人与产品的沟通。

此外,交互设计与界面设计、视觉设计也属易混淆的概念。交互设计主要考虑系统的信息架构、交互流程,是界面设计的先行者;而界面设计则需要交互设计和视觉传达的支撑,也是交互设计的最终表现形式,即用户接入点;同时,视觉传达又是交互的实现者。例如,手机 App 如何操作才能方便用户使用,信息如何布局才能少出错,这是交互设计的工作。像视觉色彩、动画效果、文字样式等用户界面的部分,则是视觉设计的工作。

在技术层面上,交互设计与计算机技术密不可分。计算机技术本身是一项复杂的技术,任何一项功能实现的背后都存在复杂的逻辑,艾伦·库珀在《软件创新之路——冲破高技术营造的牢笼》这本书里提到,计算机功能逻辑和用户的行为逻辑之间存在天然的鸿沟,交互设计试图让计算机的表现符合用户行为逻辑,在用户和计算机技术之间架起沟通的桥梁。

"交互设计"和"人机交互"都有相同的词根,但属于不同学科。当计算机系统在接收用户输入的信息后发生响应时,这个机制的过程需要用户的参与,并在计算机系统中进行双向的沟通交流。交互设计延续了人机交互领域的大部分设计原则,但交互设计强调了对用户心理需求和行为动机的关注及研究,而人机交互更强调和关注系统响应效率,两者的共同点在于都关注人的认知和心理。

从交互设计的设计过程来看,它与心理学也有一定的知识交叉。心理学研究人类记忆、注意力等一系列思维问题,以及人的感官受到外部刺激后,神经系统产生反应等生理过程。认知心理学对大脑信息处理的研究,是将人类的大脑视为类似计算机的系统,研究它如何获取、储存、转换信息为认知的过程。交互设计只有在心理学研究的基础上对用户认知有更深层次的解读,才能明白用户对产品的认知。图1-9为交互产品的实现模型(面向工程师)、设计的表现模型(面向设计师)和用户心理模型(面向用户)关系图。交互设计通过心理学研究学习用户的心理认知、演变步骤来理解用户的心理模型,通过设计实现模型努力贴近用户心理模型,使得设计更贴近用户期望。为了使表现模型尽可能贴近用户的心理模型,了解用户的认知和感知过程非常重要。

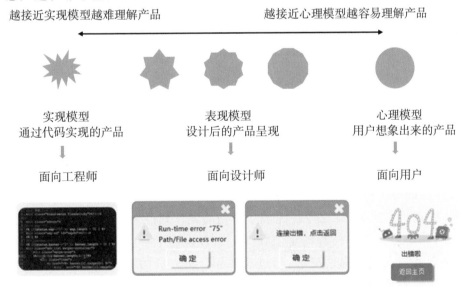

图1-9　实现模型、表现模型与心理模型之间的关系

随着信息技术的迅速发展,聚焦国家战略(互联网+、智能+、复合专业培养、中国制造 2025 等)和未来产业的需求,人们对交互产品的智能化、信息化、数据化的需求受到越来越多的关注,社会上对交互设计师所具备的能力要求如图 1-10 所示。

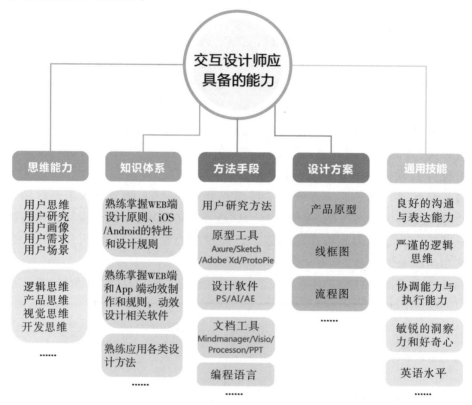

图 1-10　交互设计师应具备的能力

随着社会、科技与经济的迅速发展,交互设计的重要性也逐渐展现出来,传统的单项事物设计已升级为关注人与人、人与机器之间交互方式的设计。这也就意味着,交互设计完成了从物品设计到行为设计,从单一产品到服务,从功能到用户体验的重要转变。服务设计学科的目的是显现表达和满足服务中人们的隐性需求,通过观察和分析人们的需求和行为将其转化为可能的服务,并从体验和设计的角度进行评价。服务设计将用户所体验到的情感、产品和环境的接触点作为线索,设置人、产品和环境的交互过程,在这个过程中,服务界面是用户与整个服务的接触点,用户与服务界面的交互决定人们对服务的评价,交互设计对服务界面的优化作用也不言而喻。

1.5 本章小结

本章通过概括国内外学者对交互设计的定义、行业内对交互设计专业术语的解释、交互设计的发展历程和交互设计的未来的趋势,初步了解交互设计学科。同时结合社会和高校教学与研究,对交互设计与其他学科的交叉关系、交互设计的知识体系、交互设计师具备的能力,做了一个简要梳理和总结,通过对这些知识点的学习,可以更好地理解交互设计学科的内涵。交互设计的应用范围很广,通过连接用户与产品服务,让用户更加快捷、舒适、高效地完成任务。随着科技的不断创新与发展,交互设计学科也会不断发展,也将给用户带来越来越丰富的体验。

功能树

推荐书籍

第2章

CHAPTER 2

交互设计原理与方法

交互设计有时会陷入尴尬的境地,被误认为是 UI 设计,或是单纯的"线框图绘制""草图绘制"等工作。实际上交互设计除了呈现在用户面前的交互设计稿外还有很多工作需要了解,如作为用户体验设计中的重要环节,交互设计过程中需要的大致步骤以及实施细节等背后的工作。很多人对"头脑风暴""Kano 模型"等设计方法略有耳闻,也有很多产品或者服务倡导"用户体验至上,把用户放在首位",为了捋清这些概念,本章内容首先将归纳交互设计的流程,再解析流程中每个阶段的工作任务,通过引入相应的方法,一步步实现交互设计的体验目标。

2.1 交互设计流程

一般来说,交互设计解决问题的流程遵循发现问题、定义问题、解决问题、验证和迭代的科学方法,发现问题和定义问题对应需求研究,解决问题对应概念设计和原型设计,验证对应着交互设计原型的测试,而迭代对应着这个过程中某些步骤的重复。虽然这个过程也存在不同的划分方法和解释方法,但是整体的流程分解基本符合这 5 个步骤。为了更好地理解这个过程,我们用一些过程模型来解释交互设计不同的阶段和工作,这个过程模型最早产生于计算机科学和软件开发工程中。因此,交互设计的流程与软件开发整体流程相对应,共享工作过程模式。时至今日研究交互设计过程仍然会使用到的模型有瀑布模型、迭代模型、敏捷开发模型等,模型的好处在于可以布置工作计划和管理整个流程,但交互设计本身很灵活,尤其是在如此强调快速开发和上线的今天。除此之外,普利斯(Jennifer Preece)提出的交互设计过程模型和史蒂文·海姆(Steven Heim)提出的交互设计过程也有助于我们理解交互设计过程。

2.1.1 瀑布模型

1970年,温斯顿·罗伊斯(Winston Royce)在软件开发工作中首次使用了瀑布模型,一直到20世纪90年代,瀑布模型都是软件开发工作中使用最广泛,甚至是唯一的工作模型。瀑布模型的核心在于将软件开发的各项工作依次连接并划分为不同的阶段,在使用时只需要针对不同的阶段制订时间规划。标准的瀑布模型在每个阶段的工作完成之后都会产出结果文档,作为下个阶段的工作依据。瀑布模型对工作阶段的划分很明确,对于时间固定、项目内容相对固定、变化较小的软件项目相当友好[1]。软件开发过程的瀑布模型如图2-1所示。

需求分析　设计　编码　测试　运行维护

图 2-1 交互设计瀑布模型

瀑布模型具有以下优点:
- 瀑布模型阶段划分清晰,工作任务也清晰。
- 每个阶段目标清晰,有明确的检查点。
- 当前阶段完成后,无须过多的循环,只需关注下一阶段。

但是,瀑布模型也存在不足之处。其主要的不足在于灵活性不足,由此引发的问题如下:
- 由于各阶段的划分完全固定,如果某个步骤出现错误,整个过程就很难进行。
- 阶段循环会增加文档数量,最后文档数量庞大。
- 线性的开发模式导致在整个过程的末期才能见到开发成果,由于整个线性流程没有植入验证环节,从而增加了开发的风险,如果第一步发生错误并没有经过验证,这些错误就会累积并对最终的结果产生影响。

瀑布模型的缺陷在早期的实践中就已经凸显出来,因为整个过程没有用户的参与,在强调用户的今天是不宜照搬的,所以在使用之前应该加以修改。由于瀑布模型的线性流程,设计阶段一旦产生错误就无法挽回损失。针对交互设计改进后的瀑布模型用"概念设计"替代了原来的"设计",概念

---

[1]梅宏.软件工程——实践者的研究方法[M].北京:机械工业出版社,2004.

设计比设计更粗糙,但是足以表达清楚解决问题的方案且有利于修改和筛选。原有的"编码"阶段是指程序员直接写代码实现功能,但是随着原型软件的成熟,不用写代码也可以实现页面的交互,所以"编码"变成了"原型设计"。当项目需要跨平台开发时,设计的原型能以完整产品的形态呈现于不同移动终端中,避免产生误差与发生错误。由于设计原型的易懂性和可交互性,原型的构建不仅让开发工作事半功倍,也能实现与用户之间的交互。不仅如此,改进后的瀑布模型对整个线性开发过程也有所调整,在每个阶段的节点之间加入了小循环,如果中途产生了任何问题,可以快速找到出现问题的阶段,然后从该阶段重新开始工作。改进后的瀑布模型如图2-2所示。

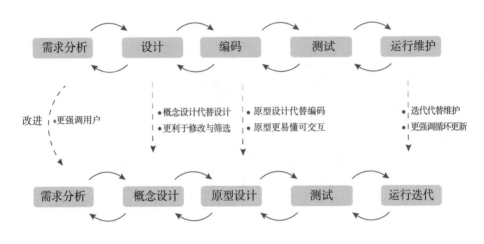

图2-2　改进后的交互设计瀑布模型

2.1.2　迭代模型

交互设计的迭代是指通过工作流程的不断循环,用新的更好的结果替代原有的结果,从而最终得到满足期望或者更好的解决方案。很明显,迭代具有很强的灵活性,只要产品还处在项目周期内,这个过程就不会停止。好处就在于每次迭代的结果都能满足当下或者不远未来人们的需求。迭代过程既可以发生在产品开发过程中,也可能发生在产品发布之后,发布之前的每次迭代都能满足更多的需求,发布之后的每次迭代都更好满足需求,但都不是最终产品,每次迭代产品原型都包含了从需求研究到最后原型呈现的完整过程,因此迭代模型可以看作是多个瀑布模型串联起来的设计过程(见图2-3)。

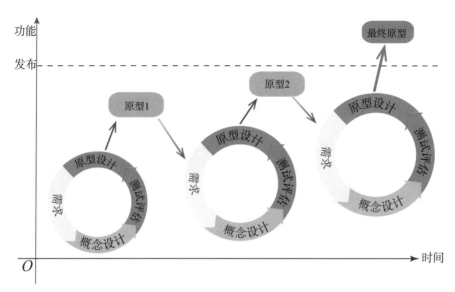

图 2-3　交互设计过程的迭代模型

迭代模型中"需求"从一开始并非完整且准确的用户需求表达,而是在不断的重复和循环过程中发掘并满足不断涌现的需求。迭代模型中的每次迭代就是小型的瀑布模型,刚开始的用户需求可能只有少数的几条,随着设计的不断推进,需求增加且描述更加准确。交互设计过程的迭代依据是来自用户对原型的小范围体验,所以这和瀑布模型完全依靠前期用户研究文档不一样。每个阶段都构建原型和测试,每次迭代的改进会更有针对性和效率。

2.1.3　敏捷开发模型

交互设计过程模型除了瀑布模型、迭代模型,还有增量模型(Incremental Model)、螺旋模型等过程模型。不同的开发流程优劣势不同,但是在市场需求和用户需求不断变化的互联网时代,我们需要更快捷的开发过程去响应市场和用户的需要。否则在用户得不到满足的情况下会造成糟糕的用户体验,从而在商业上失去优势,因此更加快捷的开发过程能快速得到用户反馈从而响应用户需求。敏捷开发模型强调的是快速给出方案,让用户使用,在得到真正的用户体验反馈后,对当前方案进行修改。图 2-4 就是敏捷开发模型,敏捷开发模型与迭代开发模型不同之处在于前者更加注重产品产出速度;敏捷开发模型的迭代过程是置于产品发布之后,迭代模型中的迭代步骤则是放置在发布产品之前。

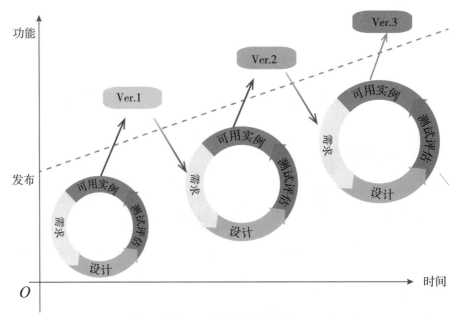

图 2-4　敏捷开发模型

敏捷开发模型开发迅速,能在满足用户的情况下抢占市场先机。同时这样的交互设计过程能让用户快速得到实际使用案例,在不断的测试和迭代过程中提升产品的用户体验,而且可以根据实时的用户反馈进行需求变更。但是敏捷开发模型由于没有明确的用户需求前提,因此中间很可能出现多次迭代过程,增大工作量。很多产品的开发就是遵循敏捷开发的原理,比如微信从内部开发到诞生只用了很短的时间,Ver.1.0 的微信只支持好友之间的通信和沟通,后续版本才有了发送语音、朋友圈、公众号等功能,用户在使用产品的过程中产生的使用数据和对产品新的期待都会反馈给用户研究小组。从微信的成功可以看出敏捷开发模型的优势,而随着未来技术、市场、用户需求变化速度加快,敏捷开发模型以人为本的特性更加突出。此外,敏捷开发模型周期较短,可以避免人员调动等其他因素的影响,也更容易调动积极性。

2.1.4　普利斯交互设计模型和史蒂文·海姆的通用模型

普利斯交互设计模型包含四个阶段:识别需求并建立需求,开发和选择多个设计方案,构建设计方案的可交互版本,最后进行设计评估。普利斯认为交互设计过程具有三个关键特征："以用户为中心""确定具体的可用性和用户体验目标"和"迭代",这就说明了交互设计过程中的人物角色作用、采用的方法和实施的基础,显然,设计师提供原型,用户对原型进行评估,原型是设计师和用户之间进行沟通的纽带。在普利斯交互设计模型中,识别需求并建立需求的过程并非我们狭隘理解的用户需求,还包括功能需求、数据需求、环境需求、体验需求。功能需求是指用户需要怎样的功能,在软件产品或者服务产品中就对应着业务的深度。数据需求是指数据的类型、范围、存取方式、保存时限等,数据需求虽与设计相关,但更像面向技术开发提出的需求。比如某些购物软件依据用户喜好进行商品推荐,需要保存用户的浏览数据,并进行分析,范围可能是历史以来的搜索数据,也可能是用户当日的搜索数据,存取方式决定了数据存放在终端还是服务器,保存时限则决定了推荐商品横幅广告更新的速度。环境需求包含了复杂的物理环境、社会环境、组织环境和技术环境等,比如开发软件的夜间模式就要充分考虑夜间的物理环境,同一个产品的设计在面向不同区域的用户时就要充分考虑社会背景。体验需求考虑的是产品的可用性和对用户物质和精神上的满足。这是普利斯对需求分析进行的拓展解读。

普利斯交互设计模型方案的设计有进行问题解决方案构思的概念设计(Conceptual Design)和解决方案实体化的物理设计(Physical Design)。概念设计需要根据用户的需求对产品进行规划,提出解决问题的概念模型或者模糊方法。概念设计弄清楚用户需要什么,需要给出什么设计满足需求,用什么方法实现设计。同时,采用用户能够理解的手段描述产品的功能,以及如何实现等方面的内容。物理设计则是对概念设计的具体化,需要考虑每个细节,界面整体如何布局、使用哪些主题色、交互按钮的大小等类似的细节。普利斯交互设计模型的最后步骤是建立可交互的原型,然后进行评估,让用户评估使用过程中的体验。

史蒂文·海姆提出的通用模型,将开发方案、筛选方案、构建可交互方案的过程整合为交互设计过程(见图2-5),主要由发现、设计和评估三个阶段构成。需求的定义和研究部分统称为发现,主要包括收集和解释两个步骤,通过研究分析发现问题所在,具体内容包括分析任务、构建故事板、用例、当事人描述和相关文档等;设计阶段包括方案的概念设计和物理设计(产品原型）；评估阶段则是招募用户对物理设计进行可用性测试[1]。

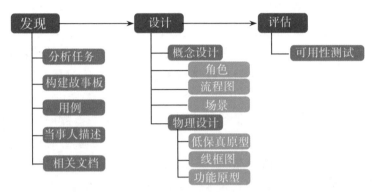

图 2-5　史蒂文·海姆提出的交互设计过程通用模型

问题的发现分为问题现象的收集和解释。在问题现象的收集阶段，研究人员主要对用户进行观察，观察用户在工作环境中完成活动的过程来收集有价值的信息，然后通过讨论、逻辑推理等方法对问题进行思考，思考用户为什么会这样做。在用户的旁边观察和记录行为、动作的方法称为直接观察；相对应地，间接观察则是指通过摄像、录音等技术手段收集一手信息，研究人员可以在不同的时间对这些资料收集、整理和分析。启发式的信息收集方法可以是访谈，也可以是焦点小组、问卷调查等。解释则是将收集的信息进行组织和分析，最终还是要找到需求，方便在设计阶段使用。主要的手段包括任务分析、故事板、用例、文档等工具。其中，文档信息应该包含以下几个方面：

· 当事人的相关信息：如基本信息、任务的动机和性质、使用频率、用户类型、交互模式、环境等。

· 认知能力：也就是当事人的知识背景、文化程度和技能类型等。

· 身体状况：具体的身体健康状况，以及各种感官的状况。

· 需求文档：包括功能需求、信息需求、硬件需求、输入输出需求、约束条件等。

· 项目管理文档：是指在系统开发过程中对项目的文档资料进行整理，包括项目概况、项目计划与预算、项目构成与主要功能、项目技能与技术、开发进度等，使用户知道如何使用、维护及管理系统。

紧接着是模型的设计和评估阶段，设计阶段也是概念设计阶段，概念设

---

[1]李世国,顾振宇.交互设计[M].北京:中国水利水电出版社,2012.

计的方法则有头脑风暴法、卡片分类法、语义网络法、角色法、情景法等。设计阶段也包括原型设计，原型设计分为水平原型和垂直原型两类，水平原型是描述清楚产品的功能范围，垂直原型就是这些功能的实现过程。评估阶段和其他交互设计模型的工作一致。

2.2　基本原理

交互设计过程模型是对实际的工作流程的不同解释，以上过程模型所包含的交互设计需要做的工作也有共性，这里可以定义为需求分析、概念设计、原型设计、评估测试。每个阶段的工作可遵循一些基本的原理或者理论，比如需求分析阶段的基本调查方法和需求筛选模型。

2.2.1　需求分析

需求来源于用户的日常生活，所以需求研究主要围绕用户进行，包括用户完成任务、实现目标过程中所面临的任何困难和不便利的地方。在研究过程中，用户可能会主动发声说出问题，但是用户叙述过程中往往更注重感觉和体验的描述，因此用户描述也存在误差，所以在用户研究过程中，除了收集一手调研数据，还要分析数据背后所透露的用户需求。

广泛的资料收集过程和需求获取是需求分析的基础。在交互设计中，用户体验调研是需求获取的常用手段，调研手段包括介入观察、非介入观察、用户访谈等定性调研手段以及调查问卷分析等定量调研手段，对用户需求进行深入挖掘，以便深刻理解用户在使用产品时的心理和行为模式，此外还有对使用环境、现有技术等因素的调查了解。用户的需求按照不同标准有不同的划分方式，如图2-6所示，用户的需求按照是否被表述和是否明显存在进行划分，需求区域被划分为四个象限，每个象限对应相应的需求挖掘办法。比如对应已经明显存在的、用户已经表述、迫切需要解决的问题，需求挖掘就是为了既定的问题，问题的定义和分析可以借助问卷调查、模型分析等工具。

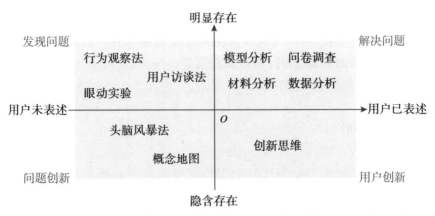

图 2-6　需求的存在表述模型

　　需求的挖掘只是需求分析工作的一部分,我们可以利用更多创新的办法了解用户需要什么,并将这些需要笼统归于需求。但是这些需求孰轻孰重或是否属于设计的目标都需要进行筛选和分类,设计师才能有的放矢。常用的需求分类和优先级排序办法有 Kano 模型(见图 2-7)和马斯洛需求层级理论。Kano 模型主要用于分析用户需求对产品满意度的影响,最终通过可视化展现满意度与需求点之间的关系以及需求的优先层级。马斯洛需求层级理论展现了用户需求的原始冲动到最高理想之间的过渡,利用马斯洛需求层级理论可以更好定位需求的分类,帮助筛选或补充需求。

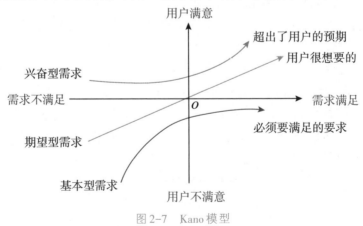

图 2-7　Kano 模型

2.2.2　概念设计

研究人员通过分析用户调研结果来发现用户完成某个既定目标的痛点,技术可行性研究和市场商业机会调查提供实现的技术基础和制约,设计师在约定的范围内进行创意性解决办法的思考就是概念设计过程,进行创意思维时,设计团队可以加入用户,或者进行头脑风暴,本书第5章将对创意设计思维进行讲解。概念设计需要设计出产品的概念模型,概念模型在这个阶段可能不精细,但是功能清晰、目的明确。在这个阶段,设计师需要从全局出发提供产品整体的视觉化概念呈现状态,同时要提供典型用例的情节时序图。帮助设计师表达概念设计的工具有故事板、用户体验场景等。

2.2.3　原型设计

原型设计是交互设计中产品概念的形象化和具体化表现,通过设计对产品进行多维度展示,从而为设计团队和用户提供评估与交流依据。该阶段设计师需要生成系统的线框图,线框图可用于项目组内部的方案讨论,配合静态的页面流程解释功能的实现过程。面向用户时最好使用动态的线框原型,这样才能帮助用户建立起符合逻辑的心智模型。按原型的表现方式,原型可分为实体原型、外观原型、概念验证原型、实验性硬件原型、数字化原型;按原型表达产品的真实程度可分为低保真原型(Low Fidelity Prototype)和高保真原型(High Fidelity Prototype)。低保真原型设计以快速、低成本和准确表达设计概念以及便于测试为目标,高保真原型用于对产品的细节进行设计和优化,相比于产品的开发也更能节省成本。在产品的细节设计阶段需要在线框图的基础上完成交互界面设计,也就是说该阶段需要建立起可供使用的、界面和交互完善的高保真原型。高保真原型在向开发人员解释交互动作和交互动效时胜过语言解释,面向用户时能提供"概念版"交互设计产品。

从概念到低保真线框原型,再到完整高保真原型,设计过程都遵循"迭代"的理念,由粗略到精细地逐渐推进,从全局保证产品能顺利诞生,且少犯错误。交互设计整个过程中的每个环节头尾相连、相互嵌套,又包含了各阶段内部迭代和循环,因此也进行过多次的评估和小型的测试。

2.2.4　评估测试

原型评估可适用于不同的测试对象,既可以是网站、软件,也可以是产品、服务。当构建了用户可在一定程度上与之交互的原型之后,测试人员便会邀请一定数量的目标用户对原型进行评估。设计师和观察人员在用户进行操作时在一旁观察、聆听并且记录,进行测试的原型可能是早期的纸面原型,也可能是后期的成品测试。原型评估是一个循环迭代过程,每次循环迭代都能得到升级和改进意见,正是这些迭代意见推动整个产品的改良。原型测试中使用的方法有很多种,包括:可用性测试、A/B测试、灰度测试、热点测试、眼动仪测试、用户观察等方法。经过可用性测试,项目就能够筛选出可靠的方案进行下一步工作。

2.3　交互设计方法

2.3.1　设计方法概述

互联网与移动终端的迅猛发展让设计师致力于关注用户与服务产品之间的交互关系,亨利·德赖弗斯(Henry Dreyfuss)最早提出以用户为中心的设计(User Centered Design, UCD)方法,强调用户的重要性。丹·赛弗对设计方法进行了总结,包括以用户为中心的设计方法、以活动为中心的设计(Activities Centered Design, ACD)方法、系统设计(Systems Design, SD)方法和天才设计(Genius Design, GD)方法。艾伦·库珀提出以目标为导向的设计(Goal Directed Design, GDD)方法,旨在更好地理解用户目标、需求与动机。贝拉·马丁(Bella Martin)有效收集了一百多种高效设计研究方法,为设计研究提供多种解决方案。IDEO设计公司运用独特的创新设计方法设计出许多令人称奇的产品。如今大数据背景下的交互设计研究分析方法则运用信息思维,关注系统产品与服务设计的开发创造;关注用户的行为动机、潜在需求;关注交互媒介的传播方式、交互方式以及交互服务系统的功能特征。

随着信息技术的发展,交互设计方法有了更深层次的精神内核,更加注重情境、情感的自然交流,在实现功能的同时提升用户的情感体验。以用户为中心的设计重点关注用户的情感和态度,包括情感化设计、感性设计等,关注用户的感知行为,与用户达成情感共识并通过信息界面表现出来。以活动为中心的设计针对的是完成目标的活动,实质仍然凸显了对用户活动观察的重要性,包括行为观察、行为动态分析等,这也反映了用户在设计过程中的中心地位。系统设计将完成某个目标时用户接触到的环境、使用到的技术或产品以及用户本身组合成一个系统,成为一种设计范式,包括交互系统设计、产品系统设计、人-机-环境系统设计。天才设计主要是依靠设计师的智慧和经验来进行设计决策,相应的方法包括直觉设计、意识设计和创意设计。目标导向设计认为用户目标是设计实践的前提和基石,通过直接深入地研究分析用户目标,解决产品设计过程中的重要问题。

2.3.2 以用户为中心的设计(UCD)

以用户为中心的设计强调了用户的重要性,强调系统产品的目的是为用户服务,而用户对产品的情感和态度是这个"重要性"的重要组成部分。设计师对用户使用系统产品时的情感与态度进行调查研究,分析用户在使用系统产品过程中的特点,理解用户的情景与需求,在设计中尽可能地满足用户的情感需求,重视用户的使用体验,从而创造出用户满意的系统与产品。其中情感化设计、感性设计都是以用户为中心、重视用户情感与态度的设计。

1. 情感化设计

情感化设计是通过对设计要素的研究分析,将情感元素融入系统产品设计中,使用户在使用过程中获得情感满足。设计时通过调研对用户需求进行分析,造型、结构、功能、样式和材质的选择要符合用户的情感需求。情感化设计把设计分为三个层次,即本能层、行为层和反思层,设计中针对这三个层次进行用户需求分析,从而设计出亲切实用的产品,如图2-8所示。

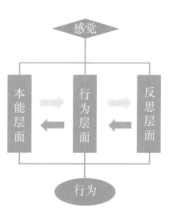

图2-8 情感化设计

以情感化设计理念指导老年人系统产品设计时,我们要考虑老年人对高科技产品的恐惧与抵触情绪,设计时满足老年人的情感需求与偏好能够更容易获得老年人的认同。设计实践中,从情感化设计的三个层面,分析老年人的身体特征、心理特征等,比如中国老年人在穿戴饰品方面更喜欢购买金银、翡翠等传统饰品,因此在可穿戴产品设计中可加入金、银、玉等设计元素①。老年人行为层面分析包括视觉行为和操作行为:在视觉行为上,老年人色觉、明暗对比能力等明显变弱下降,设计中应避免色彩纷杂现象,而是采用大面积的不饱和色,如采用中性色、白色搭配低饱和度的绿色或蓝色,让老年人感觉亲切;在操作行为上,由于老年人认知能力下降,界面架构设计中要简化界面层级深度,简化操作流程,使老人在操作过程中获得愉悦体验。

2. 感性设计

感性设计是基于感性直觉、灵感设计的一种思维方法,设计师在设计过程中通过运用感性设计思维将产品情感色彩传递给用户,影响用户对设计产品的感觉。因此在视觉营销设计中,设计师通过产品视觉设计来影响消费者,包括时尚的产品外观、炫目的设计符号、富有感染力的产品造型与形象等。

感性设计中会通过设计表现出产品使用指示性,比如通过旋转按钮的大小传达出精细的微调或者大范围的粗调等信息。通过产品的颜色暗示产品特性、使用方式,如黑色的太阳伞涂胶显示其不透光性,让使用者感受到它有遮挡紫外线的功能。

3. 常用的设计研究方法

在设计方法上,以用户为中心的设计必须采用行之有效的方法了解用户需求,确定设计目标,包括焦点小组、可用性测试、问卷调查与用户访谈等,如表2-1所示。在设计过程中,尽可能地邀请用户参与设计,发现设计的问题并给出解决方案。以用户为中心的设计默认用户对开发的产品和背景知识有一定的了解,如果确实无法招募到理想的用户群体,可以让用户试用产品(或模型)培养潜在用户。

表2-1　UCD中常用的研究方法

方法	优点	缺点	研究方式	样本大小	适用场合
焦点小组	易执行、资料广泛	易产生偏差	定性	低	用户需求采集
问卷调查	调查范围广、效率高	回复范围受限、可能会遗漏细致深层信息	定量	高	用户需求采集 设计评价

①孙斐. 以用户为中心的老年人可穿戴产品设计研究[J]. 包装工程,2016,37(8):170-173.

续表

方法	优点	缺点	研究方式	样本大小	适用场合
用户访谈	灵活性强,信息资料直接有效	范围小、用时长	定性	低	用户需求采集设计评价
卡片分类方法	可操作性强、材料简单	整理分析成本高	定量	高	设计
可用性测试	直接性、高效性、低干扰性	成本高	定性和定量	低	设计和评价

以用户为中心的设计出发点是为了满足用户,因此强调用户意见在产品设计和决策中的作用,久而久之就形成了一种用户随时参与设计过程的设计模式,其要点包括以下5点:

· 有需求就有设计,需求是设计的使命和目标。

· 明确用户要达成的目标,理清用户的任务并为其简化。

· 用最适宜的工具和手段帮助用户完成目标,不给用户带来负担。

· 确定产品方案时要有用户的参与。

· 理想状态下用户参与设计的各个阶段。

在设计理念上,设计师不能用自己的主观意愿替代用户的诉求,除非自己就是用户,当然为了让设计师能贴近用户去思考,鼓励设计师站在用户的角度去体验。以用户为中心的设计思想已经深入人心,其优点在于充分了解用户需求,较少占用用户学习的成本,提高产品的易用性、满意度和用户体验。其缺点在于,过分依赖于用户的需求来建立整个项目的过程,用户也会出错,因此到底听不听用户的,听多少,听哪些一定要视实际情况而定。

2.3.3 以活动为中心的设计(ACD)

以活动为中心的设计理论最早是由美国著名心理科学家唐纳德·诺曼提出,其基础是活动理论——Activity Theory。活动理论起源于康德与黑格尔的古典哲学,马克思辩证唯物主义对活动理论进行了更为深刻的阐述,在苏联心理学家列昂捷夫与鲁利亚的研究时期达到成熟,是社会文化活动与社会历史的研究成果,是研究不同形式的人类实践的哲学框架。诺曼作为认知心理学家,方法理论受到心理学的影响,心理学中对人的行为研究源自于行为心理学的一些方法,包括行为观察、行为动态分析等。

1. 行为观察

活动理论的重点是关注人们做什么、怎么做、做的过程中如何交流,以活动为中心的设计就是这种活动理论的应用。如在公交车设计分析中,要考虑乘客在乘车过程中需要完成的行为活动,乘客在乘坐公交车时的活动为上车、刷卡或投币购票、乘车与到站下车。上车前候车期间,乘客需要了解坐什么车到达目的地,乘坐时间以及要等待多久。上车时要考虑到车的人机工程设计,台阶的高度、防滑性以及购票空间布局适宜性。乘车时的座位空间设计要考虑座位的舒适性,座位在满足舒适的情况下尽量紧密;站位的把手设计考虑数量、高度等人机问题。乘客在到站下车时,应有到站提醒、车门关闭等警示信息。设计时还需考虑到人群分类,乘客包括普通乘客和特殊乘客,公交车要配置特殊人群上车时的上车拉手,轮椅或婴儿车上车设施与停放空间,行动能力下降人群的协助起坐座椅等。通过对用户一系列活动行为进行观察,从而发现用户在活动中可能遇到的问题。

2. 行为动态分析

以活动为中心的设计更强调体系结构设计核心内容,包括活动和功能。在研究分析中将用户活动描述等静态内容转换为动态可执行模型,设计完成后利用仿真软件对设计进行动态分析,根据分析结果对设计进行优化迭代。

关于以活动为中心的设计运用时主要注意以下几点:

- 用户的一举一动是关注的重点。
- 不能一味强调用技术去适应人。
- 以用户为中心不是绝对的选择,不能任何时候都围绕用户展开工作。

以活动为中心的设计思想在实践中将事件作为重点和关注的对象,这有助于设计师关注事件本身而不是更加遥远的目标。同样,以活动为中心的设计关注人的学习本能和主动性,发现了人对技术的适应能力和主动性。因为再好用的产品,用户在首次接触的时候都需要一个学习过程。其次,诺曼认为倾听用户是正确的,但是倾听用户并非听从于用户,要防止过于屈从于用户的意志导致设计的复杂和无法进行。

2.3.4 系统设计(SD)

系统设计方法的实质是将用户、产品、机器、物件和环境等组成要素构成的系统作为一个整体来考虑,这样在应对任何项目时都能形成设计示范和框架。分析各组成要素的作用和相互联系,根据系统目标提出合理的设计方案。比如使用手机订餐,整个事件如果是在一个系统中完成,这个系统包括了哪些东西呢?目标:也就是系统整体目标,使用手机随时随地订餐、查看餐厅信息等。注意,目标可能有很多个环境,包括宏观、微观场景。目标也包括用户的饮食习惯和位置地点饮食文化、餐厅分布等。通信:使用移动终端必须要设计通信终端,即针对餐厅和普通用户的终端。任何操作都是对于餐厅和用户双方的处理反馈、服务咨询等。其中交互系统设计重点关注人与系统的交互功能,产品系统设计是从全局观念出发对产品的生命周期进行系统性整合与开发。

1. 交互系统设计

交互系统设计是采用系统的观念来设计系统产品交互,设计中把除了人之外的参与对象作为系统,考虑人与系统之间的双向信息交流,以人为本,重点关注人的交流与体验。交互系统由人(people)、行为(activity)、使用场景(context)和技术(technology)四个基本元素组成,简称 PACT 元素[①]。PACT 交互系统设计将用户放在中心位置,用户在特定的场景、技术使用条件下行为会有所不同,其中场景和技术是自然变量,而用户的行为是因变量。PACT 交互系统运行模式中,特定环境或者场景中的行为、活动对设计和技术提出了要求,而技术则为活动提供支持。PACT 交互系统设计框架的目的在于理解现有系统运行的模式,然后运用设计,让系统所有元素达到最好的组合效果。

交互系统设计过程如图 2-9 所示:

图 2-9 交互系统设计过程

需求分析:通过用户调查研究了解用户的行为模式、功能需求。根据调研数据分析评估用户需求并构建用户行为模式,进一步对用户的使用环境、

①李世国.交互系统设计——产品设计的新视角[J].装饰,2007(2):14-15.

系统所使用的技术进行构建。

概念设计：在 PACT 的系统构建的基础上对交互系统方案进行概念设计。

原型设计：在概念设计的基础上制作系统产品原型，原型包括软件界面、硬件界面、交互服务系统等。设计完成后结合用户行为与使用场景对原型进行可用性评估，评估包括可用性测试以及整体评估可用性问卷 PSSUQ 量表等。

设计迭代：在原型设计与评估的基础上对设计进行修改迭代。

方案执行：在反复测试迭代后确定最终设计方案并执行方案。

交互系统设计中要遵守设计的易用性、可用性、可接受性、可参与性原则，设计出满足用户需求的新的生活娱乐交互方式。

2. 产品系统设计

产品系统设计将现代工业产品设计作为一个系统，设计时从全局出发，将各部分设计要素进行整合并建立联系，包括市场调研、产品定位、方案设计、工艺设计、产品制造等，如图 2-10 所示。产品系统设计在美学原则的基础上，对产品功能、造型、结构、材料工艺进行全方位的设计。

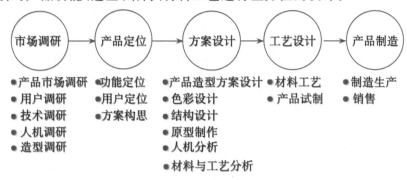

图 2-10　产品系统设计流程

文化创意产品的开发设计也是一个系统设计过程，我们以二十四节气文创产品开发为例，首先是对二十四节气文化概念、消费者文化意象与市场现状进行调研分析，提取二十四节气文化中蕴含的设计元素以及设计定位。根据调研结果提取具有代表性的节气语义因子及形态要素，结合文创产品特征进行设计，使文创产品更具个性情感特征与文化传统方面的象征意义。在概念设计的基础上确定产品造型与工艺等，形成文创产品可视化设计。

3. 人–机–环境系统设计

人–机–环境系统设计以人为核心,围绕充分发挥人的能力,提高工作效率的原则进行。人–机–环境系统设计思想在二战期间经历了快速发展,由于战争的需要,设计开始考虑如何使武器、兵器、军事工具和设备最大可能地适应人的使用要求,从而使军事设备达到效果最大化,战争后的研究重点也转移到如何发展适合人的需求的设计上。

人在系统中处于主体地位,设计研究中,运用生理学和心理学等相关知识,从人的生理特征、心理特征、认知性能以及运动性能等方面对人的各类因素进行研究分析,也要重视多因素作用下的人机特性,从而创造出更舒适的生活、娱乐与工作环境。设计实践中首先考虑人的因素,分析人在使用产品时的特征与可能会遇到的问题,人–机组成的系统在协作过程中应该有优良的体验。设备使用环境因素包括色彩、温度、声音等,这类因素会影响人的使用情绪,对人的日常生活和工作环境的色彩、灯光及其他环境因素进行分析,将日常环境因素应用到产品环境中,引出用户对熟悉环境的感知从而改善用户的心理感受,满足用户的需求。

关于系统设计,我们也要通过以下问题检验设计是否完整、全面。

- 系统由哪些元素组成?
- 用户如何控制系统?
- 系统的外部环境如何?
- 环境对目标有哪些影响?
- 环境对用户的行为造成了什么影响?
- 什么样的标准能判断系统设计的完整和达标?

2.3.5　天才设计(GD)

天才设计,顾名思义,这种设计方式主要依赖设计师的智慧和经验来做设计决策。一般运用在设计开发前期的概念阶段,使用发散性的想法对项目进行构想,然后发现一些意想不到的方法,但是在项目进行到比较深入的情况时,还是会采取其他方法。由于很多组织设计体系已经很完善,大多设计项目都不会采用天才设计,而且这种方法具有很强的个人因素,有时候没有成熟的检验方法,弊端比较大。但是,对于个体设计师、需要创意的项目而言,天才设计最能激发设计师创造的潜意识,是一种最具柔性和灵活性的设计方式,允许设计师钟情于自己的灵感和决断。天才设计与人的认知过程有关,最直接的方法有直觉设计、创意设计等。

1. 直觉设计

直觉设计又名无意识设计,设计中不做调查研究,仅依靠设计师的使用经验进行决策判断。由于设计行为依托于设计师个体,直觉设计能充分发挥设计的创意性。在遇到较少接触的产品时,设计师往往无从下手,因此直觉设计更多地是灵感激发的过程。

直觉设计过程中依靠设计师的潜意识,包括感官认知、文化与历史认知、记忆与习惯等,如图2-11所示。在心理活动指导下的设计会实现用户潜在的心理需求,比如从饮料的包装能直观地了解到饮料的味道。优秀的直觉设计往往能符合用户的生理需求,产生心灵上的共鸣,在设计中,只有深入地挖掘到用户的隐性需求,设计作品才能深入人心。

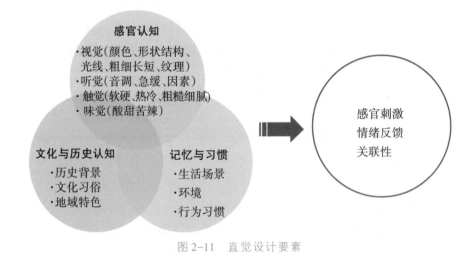

图2-11 直觉设计要素

2. 创意设计

创意设计需要拥有创意、品牌、视觉的综合能力,通过加入品牌设计、造型创意、色彩创意、动效创意等,建立独特的产品风格,打造产品差异化竞争。

由于不受 UCD、ACD 以及系统设计那样的诸多约束,天才设计给设计师更自由的发挥空间,不会依赖用户研究环节,采取这种设计思想可能出于不同的目的,主要有几种情况:

· 对品牌的号召力有绝对的自信,产品具有忠实的"粉丝"群体。

· 受资源或条件的限制。譬如,有些设计师工作的机构不提供研究资金和时间,或者设计师自鸣得意的设计不被公司青睐,迫使设计师只好离开,去做自己的设计。

· 出于保密或营销策略,产品设计工作需要绝对的保密性或者创意性,或者是对时间要求很紧张。一般仅适用于知名度大的公司,且以成功的产品为基础。

世界上没有绝对依靠设计师天才设计成功的成品,产品的成功是市场、技术,尤其是用户综合影响下呈现的结果,所以天才设计具有一定的风险。坚持天才和灵感不等于固执己见,在创新越发困难的今天尤其重要。

2.3.6 以目标为导向的设计(GDD)

目标导向设计以用户行为为导向,旨在更好地理解用户目标、需求与动机。设计时需要考虑用户是谁、目标是什么、产品工作形式与交互形式。设计中会用到多种研究方法,包括利益相关者访谈、市场研究、构建用户画像以及使用情境。目标导向设计大致分为六个阶段,如图2-12所示。

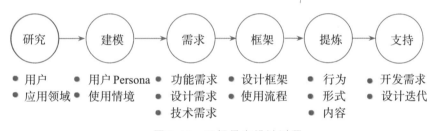

图2-12 目标导向设计过程

研究:研究阶段定义项目目标与用户目标,根据目标进行用户访谈和观察,了解潜在用户行为、态度、能力、动机与环境。根据市场调查研究了解市场现状、相关技术,对产品前景进行规划并寻找机会点。

建模:建模阶段根据调研数据构建用户画像,创建情景剧本,讲述产品如何贴近生活和环境并帮助用户实现目标。

需求:需求定义阶段规划产品功能需求、设计需求、技术需求等。

框架:根据需求定义形成设计框架,定义信息和功能如何实现,产品使用流程等。描述用户和产品交互方式以及交互行为顺序。

提炼:设计细化阶段需要完善产品造型、外观、原型图等,通过测试对设计原型进行修改迭代。

支持:根据开发需求进行设计修正,保持设计概念的完整性。

目标导向设计方法能够回答和定义设计过程中的重要问题,完善产品交互形式,让用户更方便地通过产品实现自身目标。

2.4　实现交互设计的体验目标

　　交互设计存在两大目标:"可用性"(availability)目标和"用户体验"(user experience)目标。交互设计的最终目的包含了物质层面的产品交互以及精神层面获得的使用体验,这种体验甚至是好用以上,耳目一新、惊喜的使用体验。艾伦·库珀(Alan Cooper)在《交互设计之路——让高科技产品回归人性》一书中说道:"优秀的交互设计,其本质是不妨碍使用者,而且达成交互的目的。"[①]《交互设计——超越人机交互》一书中则提到:交互设计就是如何创建新的用户体验的问题[②]。两位知名学者对交互设计的解释侧重点不同,艾伦·库珀的描述其实就是"可用性"的阐述,普利斯的解释则提出了"用户体验"的目标。"用户体验"专指与产品相关的体验,可以简单地理解为用户使用产品中或使用后在情绪或情感上的感受,具有很强的主观性,但也受客观条件的影响。用户体验这个概念最早是由著名的认知心理学家唐纳德·诺曼在20世纪90年代中期提出,用来表示用户与系统进行互动时的感受。在人与产品或系统进行互动的过程中除了达到可学习性、高效率这些可用性目标外,还应具有美感、令人愉快、情感满足等方面的品质,所以用户体验贯穿在一切设计和创新的过程之中。注重用户体验不仅让系统、产品更加易用、方便,而且能够为用户带来愉悦体验,产生更大的价值。可用性已经是产品获得长期存在的必须属性,在体验设计如此成熟的今天已经不是目标,而是要求,而更好的用户体验才是交互设计的终极目标。

　　为了实现用户体验目标,无论是采取前面章节中哪种设计流程、哪种设计方法,都要始终关注以下三个方面:

　　1. 目标用户的状态

　　目标用户的状态包括了自身的生理状态和心理状态,这些状态或瞬时存在或长期存在,生理和心理的状态构成了用户的特征,因此目标用户状态

[①]Alan Cooper. 交互设计之路——让高科技产品回归人性[M].Chris Ding,译.北京:电子工业出版社,2006.

[②]詹妮·普利斯,伊温妮·罗杰斯,海伦·夏普.交互设计——超越人机交互[M].刘伟,赵路,郭晴,等,译.北京:机械工业出版社,2018.

的确定依赖于有针对性的用户研究。研究剖析用户的生理和心理状态,了解到目标用户群体生理或心理所需要的产品需求。比如面向儿童和普通成年用户的产品界面在色彩的运用和布局上会有明显的差异,这是因为儿童和成年人的长期状态存在差异,利用鲜艳的颜色和有趣的交互设计能吸引儿童的注意力;反之,丰富的色彩并不一定能引起成年人的兴趣,简约的色彩设计反而帮助用户保持专注,能提高任务完成效率(见图2-13)。

图2-13 "宝宝巴士"App针对儿童和家长的界面设计对比

2. 交互产品的性能

交互产品的性能则是从产品本身阐述对用户体验的影响,包含了可用性在内的其他判断标准,比如点击手势便捷性、易触达,再或者交互动画效果是否流畅和吸引人,或是产品的导航逻辑清晰且不容易产生误解等方面,这些都是产品自身的性能特征。产品性能本身对用户体验的影响是最为直接的,也是交互设计中受关注的用户体验影响因素。

3. 环境因素的影响

环境因素包含了用户所在的物理环境、社会环境、文化背景、组织环境等客观存在的外界因素。比如文化背景会深深地影响人的思维方式,甚至是思考逻辑,从而影响人的生活习惯和对事物的认知。比如受东方文化影响的人往往习惯从整体的角度看待事物,注重事物之间的相互关联;而西方文化受到古希腊哲学的发展影响,崇尚个体主义,注重理论的思辨演进。比如,使用中文国家的用户和英语国家的用户在面对同样的产品时需要不同的界面表达形式才能顺利地获取信息。中文文字字短,通过简短的字和图像就能轻易识别传达的信息,而英文属于表音文字,字母必须全部拼写出来才能表明意义,这带来的差异就是中文用户对视觉处理的能力比英语使用用户强。同样的网站页面,面向中国用户时可以使用图片和文字混着排的形式,而面向欧美的用户图片和文字是分开排版的①。如图 2-14 所示中的中国亚马逊和英国亚马逊网站页面的对比,中国亚马逊网站展示设计中文字和背景图融合在了一起,而英国亚马逊的展示设计中商品和介绍文字有明显地区分。

图 2-14 中国亚马逊和英国亚马逊网站页面对比

以上三种因素在不同的项目背景下对用户体验的影响效果不同,但是对达成目标用户体验的重要程度是相当的。在设计流程中关注这三种影响因素,有利于实现更好的用户体验。但是用户体验是否达成需要其他的判断标准。著名的《用户体验要素:以用户为中心的产品设计》②提供了一种判断方法,就是将用户体验的设计划分为五个层级,然后分别对每个层级中的设计进行评价。此外,用户体验和信息架构专家彼得·莫维尔(Peter Morville)提出了用户体验的蜂窝模型,包含了 7 个评价交互设计的标准元素:有用性、可用性、满意度、价值性、可寻性、可获得性、可靠性,如图 2-15 所示。这 7 个元素就是评价产品、系统是否满足用户体验目标的标准。

①吴琼,赵毅平.人机自然交互的前沿探索——阿里巴巴国际 UED 负责人傅利民专访[J].装饰,2018(306):40-43.

②杰西·詹姆斯·加勒特.用户体验要素:以用户为中心的产品设计[M].范晓燕,译.北京:机械工业出版社,2008.

图 2-15 彼得·莫维尔的用户体验蜂窝模型

2.5 本章小结

本章对交互设计的流程和每个阶段的工作建立了设计过程模型并进行分析。随着技术的进步和需求的变化,交互设计过程也会有所变化,但是基本对应需求分析、概念设计、原型设计、评估测试四个阶段。

本章分别对交互设计过程中这四个阶段进行原理的分析,比如需求分析的原理是如何去获取需求,如何对需求进行分析;概念设计的原理是帮助设计师对问题解决方案的概念表达;原型设计的原理是提供可进行交互的"预产品"给用户使用,从而获得用户使用反馈;评估测试的原理是得到改进设计升级意见。

本章还总结了交互设计的方法,每种设计方法都有其特色和优缺点,UCD 强调用户的重要性,ACD 强调用户完成目标过程,SD 强调全局观,GD 尊重设计师的天赋和设计本能,GDD 则关注用户行为。方法没有绝对好坏,只分适宜与否,当然还可以结合使用。

所有对原理的分析、流程的介绍、方法的使用都是为了完成交互设计的目标:实现用户想要的体验。

功能树

推荐书籍

第 3 章

用户体验

交互设计流程通过实现产品功能提升用户体验,这是一个包括了功能实现和体验实现的综合过程。但是用户体验和产品功能的思路是不同的,用户体验的重点是人们如何使用产品,他们在使用产品时的主观感受,产品如何与用户沟通,以及他们与外部世界的关系。在这个过程中,用户会在意如何使用产品、用起来怎么样、学起来难不难、好不好看等主观感受。这些感受共同构成了用户体验,用户体验过程中所关注的这些问题是可以观察或测量的,通过用户体验度量来量化体验过程,获取用户体验信息,发现可用性问题,便于做出决策。

3.1　什么是用户体验

20 世纪 90 年代中期,唐纳德·A.诺曼首次提出了用户体验(User Experience,简称 UE/UX)一词,用以表示用户在使用产品过程中的纯粹主观感受[①]。用户体验国际标准 ISO 9241[②]将其定义为:人们对所使用或期望使用的产品、系统或者服务的认知印象和回应,包括用户使用前、使用中、使用后的情感、信仰等的反应、行为和成就。用户体验涉及用户、产品和交互环境,通过体验满足用户的心理需求与价值需求等。

3.1.1　用户体验的形成

实现"用户体验"与目标用户的特性、交互产品的性能、环境因素有着很大关系。就用户的状态而言,自身的经历、社会背景、文化程度会影响其思维和认知,会决定其对事物的看法,因此用户的状态千差万别,所以用户群

---

①唐纳德·A.诺曼.设计心理学[M].梅琼,译.北京:中信出版社 ,2010.
②金振宇.人机交互:用户体验与创新的原理[M].北京:清华大学出版社,2014.

体对产品很难达成一致的描述和统一的解释。虽然用户的感受和思维属于对产品的主观评价,但是目标群体对某个产品或者产品的某个方面都持有相同观点时,这种观点就具有客观意义,观点也代表了该目标群体的用户体验。

3.1.2　用户体验影响因素

研究目标用户群体的体验包括了对用户本身的研究、产品的研究、用户与产品所处环境的研究,而用户特性、产品性能和环境因素正是影响用户体验的因素,如图3-1所示。

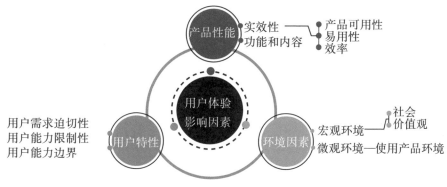

图3-1　用户体验影响因素

1. 用户特性

用户特性是用户根据自身经验实现多维度、精细化的选择时表现出的用户特征。在消费场景中,用户具有两大特性:一是用户需求的迫切性,二是用户能力的限制性。

用户需求的迫切性是指用户对于回报的评估与需求的迫切程度互为因果。真实的用户需求是针对特殊人群、特定应用场景产生有价值回报的前提,是良好用户体验的前提。简单的理解就是:用户越缺什么就越在乎什么,对满足需求的设计就有越强的反应。这就要求给予用户真正需要的核心价值回报,也就是给用户真正需要的东西。

用户能力的限制性又叫用户能力边界,人类大脑处理信息的过程只能承受一定的载荷,不断变化的物质世界需要人们有更加丰富的神经网络系统,也需要人类有更强的知觉、记忆、思维和语言等活动能力。但是,目标用户的能力是不均匀的,整个目标用户组的能力也是有限的。相比于计算机,用户的感知能力和多通道协同能力更强,但是用户的记忆力、容量、注意力、计算能力等就不如计算机。因此,良好的用户体验能发挥两者的优势,并进行互补。设计师不能总让用户进行复杂的记忆和操作,尽量简化系统的操作就是因为用户能力存在边界。不仅如此,不同的用户群体在某方面能力的边界也不同。例如,针对老年人的手机 App 可能要放大字体,提高音量,且其操作要简便。

2. 产品性能

产品性能是指产品在一定的条件下实现良好的用户体验应该具备的实效性,为用户提供愉悦感的同时要注重产品的交互和功能。实效性指产品的可用性、易用性和高效性;在用户主观的评价中觉得产品功能清楚明了、有效果、控制简单。而愉悦感更多地是激活神经的感觉体验,例如"好看""好听""有趣"等。当然,这种感觉和用户本身的审美情趣有关,要让产品实现愉悦性,就要让产品"get 到用户的点"。例如儿童喜欢鲜艳的色彩和使用的趣味性,那么针对他们的这些产品、系统设计就要丰富多彩和有趣。

功能和内容是用户判断产品、系统价值的重要因素。就传统产品而言,没有实质功能的产品或者系统不太能赢得用户的青睐,但是现在的趋势是用户越来越愿意为愉悦感买单,产品也应该多关注用户的情感。传统的"形式追随功能"教育设计师应从功能的角度由内而外决定产品的交互形式,但是交互产品如果要为用户带来愉悦感就需要从用户的行为出发考虑内部系统的实现。

3. 环境因素

环境因素是指产品或服务中与环境相互作用的因素,这里更多反映的是环境对用户的影响,可以分为宏观环境和微观环境。宏观环境是社会、价值观等,微观环境就是用户具体使用产品的环境。用户体验的微观环境又存在两个关键因子:时间和空间。时间可以是用户使用产品期间的一个短暂时间,也可以是贯穿产品整个生命周期的较长的时间。随着时间的推移,用户的感官和情绪逐步被唤醒。用户首先会被感官的注意唤醒,例如:好看的颜色、刺激性的气味、悦耳的声音等。接下来才是根据经验评估当前的刺激和接受的感官信息。最后,由于情绪的提升,用户开始在行为层面体验并与产品进行交互。

Karapanos 等[1]建立了用户体验的时间模型,将产品和服务的生命周期划分为导入期、适应期和认同期(见图3-2)。时间模型的生命周期决定了每个阶段的用户体验质量。在导入期,用户对产品的熟悉程度逐渐提高,用户的新鲜感逐渐降低,导入期影响用户体验的关键因素是产品对感官的有效性、吸引性和易学性。例如,用户买到刚刚上市的新手机时会爱不释手,被手机的外观、界面和新功能所吸引;然而,随着时间的推移,用户可能不再像以前那么喜爱新手机了。在适应

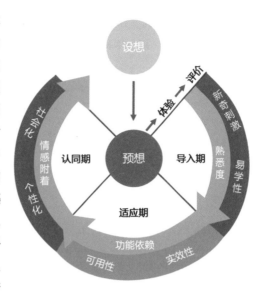

图3-2　Karapanos,Zimmerman,Forlizzi和Martens
(2009)的用户体验时间模型

期,用户置入某个新环境中调整自己的状态直至融入环境中。可用性和实效性主要影响着这一时期的用户体验。同样是手机的例子,用户在适应了新手机之后,对手机的使用时间就会回归正常水平。这时的用户就会逐渐关注一些实际使用问题,例如更长的续航满足整天的户外时间,更大一点的容量满足长时间拍摄。在认同期,用户对产品具有很高的心理认同,并分享产品的成功,以获得满足感和情感需求。这一时期,情感认可度对用户来说更为重要。例如手机,选择高端商务手机和一般智能手机所希望手机带来的形象价值是不一样的。因此,要想打造良好的用户体验,就应该从产品周期的这三个阶段的关键因素入手进行设计和优化。

3.2　用户体验要素与度量

本小节将详细介绍用户体验五要素的概念与内容以及用户体验度量方

---

[1]Karapanos E. Zimmerman J. Forlizzi, J. Martens J. (2009). User experience over time: an initial framework. In S. Greenberg,& S. E. Hudson(Eds.),Proceedings of the 27th Annual SIGCHI Conference on Human Factors in Computing Systems–CHI '09 (729–738). New York,USA: ACM.

法,如图3-3所示。

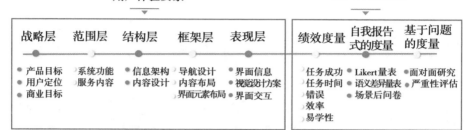

图 3-3 用户体验要素与度量

3.2.1　用户体验要素

用户体验贯穿整个设计和开发过程,是指用户个体在使用产品、系统和服务时的感受,包括用户在使用产品之前、使用中、使用后的情感、信仰、偏好和感受,设计的每个环节都应考虑用户可能采取的每个动作以及它们带来的主观感受。因此,设计师进行体验设计时要充分了解和掌握用户在每个环节的期望值。设计师可以通过用户测试,收集每个阶段的用户体验反馈关键词。但是,无论如何理解用户的期望和想法都是一项综合性强且烦琐的工作。为了更好地、系统地了解用户体验,杰西·詹姆斯·加勒特在《用户体验的要素:以用户为中心的产品设计》(*The Elements of User Experience: User-Centered Design for the Web and Beyond*)[1]一书中详细讨论了用户体验设计五要素的概念和五要素的内容:战略层、范围层、结构层、框架层、表现层。在用户体验设计要素的框架中,这五个层次是自下而上的关系(见图3-4)。

1. 战略层

产品目标和用户需求基本上是由产品和系统战略层(strategy)所决定的。这些战略不仅仅包括了经营者想通过产品和系统得到什么,还包括了用户想要通过这个产品得到什么。以消费市场为例,商家(或产品)的战略目标是显而易见的:让用户喜欢上产品并愿意掏钱购买,用户则是希望通过产品满足自己的需求。战略层要素包括产品目标和用户对象的定位,战略

---

[1] 杰西·詹姆斯·加勒特.用户体验的要素:以用户为中心的产品设计[M],范晓燕,译.北京:机械工业出版社,2001.

层的工作需要定义用户目标和价值、产品目标、商业目标,并在三者之间达成最佳契合点。

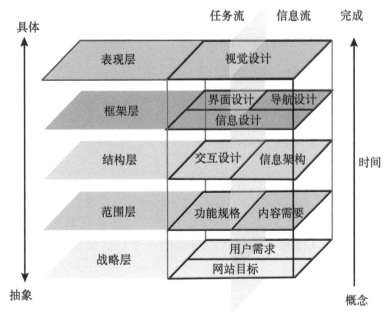

图 3-4　用户体验设计的五个要素

2. 范围层

范围层(scope)决定了产品和系统的特性和功能的最适当组合,这些特性和功能构成了产品和系统的范围层。确定一个功能是否应该成为产品功能总和的一部分是需要在范围层解决的问题。范围层要素的内容和工作内容与服务设计过程中功能需求推导是一致的,并且需要针对不同的特征和功能选择不同的实现技术。

3. 结构层

结构层(structure)相对于范围层更加具体,结构层主要考虑如何表达系统页面,以及系统如何配合和响应交互行为。结构层决定产品的具体功能应该设计在哪个区域,包括产品、系统服务的各种具体特征以及功能的组合方式,主要解决用户所需信息的分布结构,区分信息重要程度。结构层的功能架构设计包括两项重要内容:信息架构设计和内容设计,信息架构可以通过树状结构、矩阵结构、自然结构和线性结构展示,如图 3-5 所示。

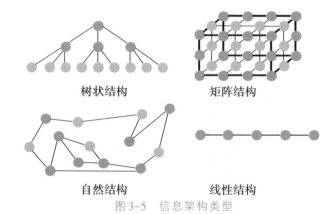

树状结构　　矩阵结构

自然结构　　线性结构

图 3-5　信息架构类型

4. 框架层

在结构层之上的是产品的框架层(skeleton),主要包括页面布局和界面各类控件,优化按键、列表、文本等设计元素使产品高效化。例如,当使用App 时,用户可以很容易地找到购物车的按钮。框架层的工作将决定最终界面的布局。

5. 表现层

表现层(surface)是用户可以对看到的一个页面或一系列页面做出直观的判断,包含用户交互界面的色彩设计、文字变化、图片处理和网页布局等,是用户直接接触并感知的层级。这些页面由图片和文本组成,可以单击一些图片和文本来执行相应的功能。例如,用户在淘宝上购物时的购物车图标,可以快速地找到其功能,满足用户的感官感受。而有些感官标志就只是图片,例如一个促销产品的照片、产品和系统自己的标志等。

用户体验设计的五个要素影响着每个层面的上级层面的决策或者工作。这五个层面是从抽象到具体的自下而上的过程,具有连锁效应。这种连锁效应意味着在"较高层面"中所要做的决策变得更加具体,也需要重新考虑"较低层面"中所做出的决策,环环相扣互相依赖,如图3-6所示。当所做决策没有保持上下层一致时,项目往往会出现问题,比如在战略层所做的选择决策,会影响到范围层的可用选项,继而对之后的每个层面的选择范围产生影响。

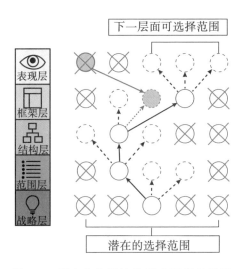

图 3-6 用户体验设计的五个要素的联系

用户体验设计五个要素之间的决策是互相影响的,有时"较高层面"的决策会导致对"较低层面"决策的重新评估。如在结构层设计完全确定之后,才开始框架层的设计工作,那么你的项目产品已经置于一个危险的境地之中。因此在项目规划时,每个层面的工作不能在下一层面工作完成前结束,如图 3-7 所示。

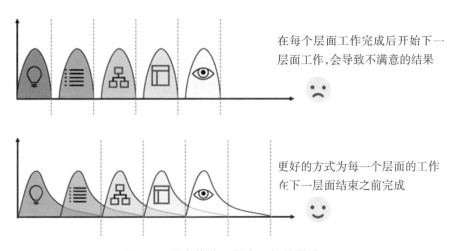

在每个层面工作完成后开始下一层面工作,会导致不满意的结果

更好的方式为每一个层面的工作在下一层面结束之前完成

图 3-7 用户体验五要素之间的联系

产品和系统的存在既是为了解决一定的问题,同时也表现出传递信息的功能。杰西·詹姆斯·加勒特为了解决基本的双重性质的矛盾,在考虑用

户体验五要素的时候将产品分成了两面,一面是功能型产品,一面是信息型产品。功能型产品研究用户的每一个操作过程,所有的操作都被纳入一个过程,用来思考人们如何完成这个过程,这里实际上是用户用于完成任务的一种工具功能性产品,其主要关注的是用户的任务。信息型产品主要关注的是用户信息,从而创建富有信息的用户体验。用户体验系统将每一个层面分成各个组成部分,通过这个方法进行交互设计时,产品的用户体验要素可一分为二,既可以在功能一方找到对应的层级,又可找到对应信息一方的层级,两者的结合就是整个产品在该层级的要素或主要工作。

基于用户体验的生命周期,产品可以满足不同层次的用户体验需求。用户体验的最终目的是为用户提供愉悦感,使用户在不同需求中获得最大化收益[1],通过对用户不同需求的分析,在不同的层面进行深入设计。

3.2.2 用户体验度量

用户体验度量[2]是一种测量或评价特定现象或事物的方法,以可用性度量为工具,通过度量获取用户满意度、产品使用成功程度、效率与易学性等来评测产品的可用性情况,为用户体验设计提供主要依据。度量存在于生活中的诸多领域,如时间、高度、速度、体积、距离等。比如在教室中,我们会对物品尺寸感兴趣:桌子和椅子的高度和宽度,设计行业会关心图纸尺寸、字体大小、图片比例等。在用户体验度量的方法中,构建用户体验指标体系一般包括文献研究、问卷调查、访谈、情景调查、任务分析、扎根理论和探索性因子分析等[3]。

量化用户体验对有效提高产品的可用性至关重要。《用户体验度量》一书中介绍了可用性度量如何对产品进行用户体验评估,根据具体情境和实际应用情况将度量整理归纳为绩效度量、基于问题的度量、自我报告式度量、行为和生理度量、合并和比较度量,并以案例形式对简捷有效地呈现可用性度量结果进行了说明。

在测量可用性之前要对设计可用性研究进行规划,一个考虑全面的可用性研究设计能提供给你所需要的答案。从参与者的选择、研究方式、自变

---

①罗仕鉴,朱上上.用户体验与产品创新设计[M].北京:机械工业出版社,2010.

②Tom Tullis,Bill Albert.用户体验度量[M].周荣刚,等,译.北京:机械工业出版社,2009

③雷熙平.基于结构方程模型的用户体验度量研究[D].广州:华南理工大学,2018.

量与因变量的确定,到用户目标、绩效与满意度以及可用性度量等都需要纳入考虑计划。根据所研究内容与目标受众选择具有代表性的参加者。不同可用性研究基于研究目标和能接受的误差范围确定样本大小。根据参加者类型对数据进行分类,如专业化程度、行为、使用频率、使用产品经验程度等。根据研究内容确定组内研究或组间研究,其中组内设计分析参加者不同数据,评估参加者学习使用产品时的难易程度、成功率等;组间设计分析参加者之间的数据,评估不同类型参加者,如具有年龄差异、熟练度差异的参加者完成任务时间上的差异。确定自变量(可操纵内容)和因变量(研究现象与结果),清楚计划操控内容与测量内容并建立逻辑关系。

1. 绩效度量

用户在使用产品时都会以一定的形式与产品产生交互,因此可通过测试特定用户行为来获得绩效度量。参加者在测试中需要执行特定的任务或完成特定的目标,通过成功率和使用时间等的测量来了解用户是否能很好地使用该产品,并获得该产品的可用性分析。绩效度量有五种基本类型,分别是任务成功(task success)、任务时间(time-on-time)、错误(errors)、效率(efficiency)、易学性(learnability)。例如邀请用户使用 App 完成特定任务——成功预约附近工作坊,任务成功为参加者通过操作可成功预约工作坊;任务时间为参加者成功完成这项任务所需时间;错误是指在执行过程中,参加者进行了多少次错误操作;效率一般通过任务时间计算获得;易学性为参加者是否能快速理解产品以及熟练使用产品的时间。

任务成功:最常用的可用性度量。通过让参加者完成特定的任务或目标,测量其操作成功的程度。为了进行有效的测量,在收集数据前需要定义每个任务的成功标准和清晰的结束状态。任务完成后让参加者进行报告式叙述,或者以结构化的方式进行回答。任务成功最常用的方法是二分式成功,即参加者要么成功完成了任务,要么没有成功,在用户操作任务时,给予"成功"或"失败"的得分,通常1表示成功,0表示失败,如表3-1所示。对成功程度进行等级划分,可以有效区分成功数据中存在的合理灰色地带,基于参加者完成任务的程度,在成功与失败之间设置部分成功等级,一般任务成功设定在3~6个等级数量,比较常用的3个等级为完成任务(赋予数值1)、有些问题(赋予数值0.5)和失败/放弃(赋予数值0),数值分析后通过条形图呈现成功等级,如图3-8所示。

表3-1　5个用户5个任务成功数据表

参与者	任务1	任务2	任务3	任务4	任务5	成功率
参与者1	1	0	1	1	0	60%
参与者2	1	1	0	1	0	60%
参与者3	0	0	1	0	1	40%
参与者4	1	0	1	1	0	60%
参与者5	0	1	0	0	1	40%
成功率	60%	40%	60%	60%	40%	52%

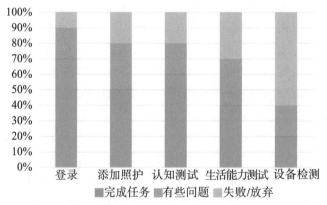

图3-8　不同任务的成功水平

　　任务时间：测量产品效率的最佳方法。通过让参加者完成特定任务，测量其操作任务时，从任务开始状态到结束状态之间所用时间。自动化工具是一种容易使用的记录任务时间的方法，可用性测试工具如功效浏览器（Ergo Browser）、数据记录器（Data Logger）、可用性测试环境（Usability Testing Environment）都可以自动捕获时间。

　　错误：发现和区分错误比描述可用性问题更有帮助，即使参加者在一定时间内成功完成了某任务，但交互过程中的错误频次会影响用户体验。通过测量错误了解导致任务失败的具体动作或一组动作以及设计元素对错误频次的影响程度。当错误导致效率降低、成本增加、任务失败时，测量错误就更适用。

　　效率：测量效率经常采用任务时间的方法，另一个方法是查看参加者执行任务所用的操作或者动作的步骤数量，简单地计算参与者每个任务的操作动作与实际操作步骤,如图3-9所示。测量效率时,要注意确定待测量的操作动作、定义操作动作的开始和结束、计算操作动作的数目、确定有意义的动作、只考察成功的任务。

易学性:大多数产品都需要一定程度的学习,通过测量熟练使用产品所需时间与努力程度,来确定产品或事物可被学习的程度。易学性数据的测量需进行多次数据收集,每次收集数据都作为一次施测,施测之间的时间间隔设定基于预期的使用频率。测量易学性时需要考虑不同情境下的学习行为,确定施测时间间隔以及施测次数。

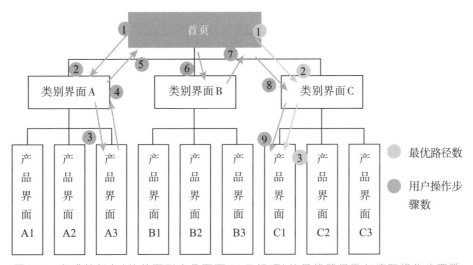

图3-9 完成某任务(从首页到产品页面C1目标项)的最优路径数与实际操作步骤数

2. 基于问题的度量

可用性问题可以测量并为产品设计创造新的价值,最常见的用途是在迭代性设计流程中帮助改进产品。参加者使用产品时对产品的交互或者反馈产生疑问,可用性问题就出现了。比如点击一个链接、上传一张图片时,如果没有点击或进度等相应的视觉反馈,用户会疑惑操作是否生效并不停点击以及重复操作。发现可用性问题是迭代性设计流程中的一部分,主要方法是在研究中与参加者交互,如在面对面研究(In-person Study)中使用出声思维法,让参加者在操作任务的过程中即时表达自己的想法,通过与用户交流沟通以发现可能存在的问题。

严重性评估有助于集中精力解决更重要的问题,评估系统可归为两类,第一类是取决于问题对用户体验的影响程度,第二类则会综合考虑多种因素,包括对用户体验造成的影响以及对商业目标的影响等。

3. 自我报告式的度量

自我报告式的度量是基于用户自身经验的分享,通过各种各样的评定量表询问用户使用产品时的体验,获取用户关于可用性属性包括:满意度、易用性、有效性等有关感知系统及系统交互方面的信息。经典的评定量表包括 Likert 量表(Likert Scale)、语义差异量表(Semantic Differential Scale)和场景后问卷(After-Scenario Questionraire)。

Likert 量表:测试者在量表中提供正性的或者是负性的陈述句,如"系统内容显示清晰""学习这个系统我感到很容易",受访者给出自己同意该语句的程度或水平。量表使用奇数个数的选项,通常使用5点同意量表:1.非常不重要;2.不重要;3.一般;4.重要;5.非常重要,如表3-2所示。

表 3-2 Likert 量表

序号	项目	5 非常重要	4 重要	3 一般	2 不重要	1 非常不重要
1	母婴室的室外导视(寻找)	○	○	○	○	○
2	母婴室的清洁卫生	○	○	○	○	○
3	母婴室内哺乳室、护理台数量	○	○	○	○	○
4	母婴室的私密性	○	○	○	○	○
5	休息区的舒适程度	○	○	○	○	○
6	母婴室的隔音效果	○	○	○	○	○
7	母婴室的设备种类	○	○	○	○	○
8	母婴室的安全防护	○	○	○	○	○

语义差异量表:在一系列评定条目的两端呈现出一对相反或相对的形容词,最常用的是5点或7点量表,如表3-3所示。

表 3-3 语义差异量表

	-2	-1	0	1	2	
温馨	○	○	○	○	○	冷漠
私密	○	○	○	○	○	公开

续表

	-2	-1	0	1	2	
便捷	○	○	○	○	○	烦琐
舒适	○	○	○	○	○	压抑
柔和	○	○	○	○	○	生硬
圆润	○	○	○	○	○	硬朗
性能	○	○	○	○	○	外观
有趣	○	○	○	○	○	呆板

场景后问卷表:一套有三个题项的7点评分量表,目的是测量用户完成任务后的评分,如表3-4所示。

表3-4 ASQ场景后问卷

		1	2	3	4	5	6	7	不适用
1	整体上,我对这个场景中完成任务的难易程度是满意的	○	○	○	○	○	○	○	○
2	整体上,我对这个场景中完成任务所花费时间是满意的	○	○	○	○	○	○	○	○
3	整体上,我对这个场景中完成任务时的支持信息(在线帮助、信息、文档)是满意的	○	○	○	○	○	○	○	○

4. 行为和生理度量

可用性测试过程中,参加者在完成任务和填写问卷时可能会有许多其他的行为反应,这些可测量的行为会被测试人员观察并记录,为产品可用性提供更多的信息。一些细微的行为如面部表情、心跳速度以及出汗等则需要监控设备进行记录。

言语行为:用户使用产品时的个人评价,负面评论如"不知道怎么操作,不太好用"、正面评论如"很方便,会大大提高我的效率"。通过正面评论与负面评论的比值以及不同产品或设计方案之间的正面/负面评论比值来分析设计是否得到了改进。

非言语行为:用户使用产品时的体验,包括面部表情与肢体动作。通过一些非言语行为得知用户在使用产品时遇到的困难以及个人情绪。

需要仪器才能捕获的行为:包括面部表情、视线追踪、瞳孔直径、皮肤电阻等。面部表情能准确反映用户的真实感受,可通过视频分析、肌电图传感器等测量分析面部表情。视线追踪能测量到参加者的注视位置,通过"热点地图"分析参与者的注视点。瞳孔的收缩和扩张也会反映用户的一些思维和情绪状态。皮肤电反应和心率可测试用户的紧张程度,如测试完成游戏任务过程中用户的状态与反应。

3.3 用户体验策略

用户体验策略是满足用户需求的一种思维方式,它需要从全局考虑整个生态系统中的产品接触点,研究市场与产品现状,并根据市场反馈不断迭代产品形成闭环,从而实现业务目标。面对复杂的市场环境,改变人们固有的行为习惯是非常困难的,因此设计师需要运用批判性思维将用户需求和技术解决方案转化为特定的功能特性。

用户体验策略的对象是用户,学者们分别从不同角度探讨了用户体验的优化策略,乔纳森·恰安(Jonathan Cagan)与克雷格·M.沃格尔(Craig M. Vogel)[1]提出了以用户为中心的新产品开发方法(iNPD,integrated New Product Development)。日本东京理工大学教授狩野纪昭(Noriaki Kano)和同事Fumio Takahashi[2]提出了卡诺模型(Kano Model),从产品质量和用户满意度两个维度进行考量。用户体验策略是由多种因素结合而成,满足用户需求是用户体验策略的基础,在社会因素和动机因素的激励下,形成完善的产品用户体验策略。基于用户体验要素对产品研究进行优化,用户体验策略专家Jaime Levy[3]提出用户体验策略四条准则来满足用户需求,如图3-10所示。

---

[1]乔纳森·恰安,克雷格·M.沃格尔.创造突破性产品——从产品策略到项目定案的创新[M].辛向阳,潘龙,译.北京:机械工业出版社,2004.

[2]Kano N, Seraku N, Takanashi F, et al .Attractive Quality and Must-be Quality[J].Quality Control ,1984,14(2):39-48.

[3]Jaime Levy . 决胜UX:互联网产品用户体验策略[M].胡越古,译.北京:人民邮电出版社,2016.

图3-10　用户体验策略准则

1. 准则1：商业策略

企业通过商业策略的制定来保持竞争优势，商业策略是建立产品的基础、公司发展的保障以及保持竞争优势的关键。竞争战略之父迈克尔·波特[①]指出获得竞争优势的三种途径：成本领先、差异化、聚集化。成本领先则是在市场中提供最便宜的产品，比如沃尔玛对于自己的定位就在于低价，通过供应链进行产地直采，实施低成本战略，为消费者提供最便宜的商品。差异化竞争优势体现在产品上，产品拥有的独特的功能、特性、感知体验等。例如，微信的便捷交流提供了差异化的用户体验，聚集了大量的用户群体。海底捞为注重生活品质的用户提供了极致的消费体验，满足年轻人对就餐环境的个性化需求。聚集化要求企业着眼于本行业内一个狭小空间内做出选择。通过为其目标市场进行战略优化，集聚化的企业致力于寻求其目标市场上的竞争优势。

2. 准则2：价值创新

价值创新意味着设计师在了解用户的需求的基础上，对产品颠覆或创造了新的行为模式。传统行业的价值链为市场调研、产品设计、原料采购与制造、市场营销、销售、售后服务，在任一环节打造产品服务特色优势，都能

---

①迈克尔·波特.竞争战略[M].陈小悦,译.北京:华夏出版社,1997.

创造产品的价值,使产品脱颖而出。互联网行业价值链闭环更小,用户市场与互联网环境千变万化,因此在设计中要频繁对产品进行设计调研、设计优化与迭代,才能保证产品市场持续的盈利增长。价值创新是追求系统产品差异化和低成本的有力途径,从而形成多样化、个性化的产品与服务。设计一款没有创新的产品是毫无意义的。

3. 准则3:可靠的用户调研

用户调研的目的是确定产品的价值主张,价值主张是产品价值要素形式的核心体现,其主要目的是了解产品能为用户带来什么。例如,Snapchat是用照片共享信息的最快方式,用户可以在很短的时间内与朋友们共享照片和视频。相较于Facebook,Snapchat产品失败的主要原因是它没有提高用户时间的有效利用率,也没有理解产品的价值。产品的价值主张不被用户认可,那么产品对于用户而言则毫无吸引力。

可靠的用户调研是从用户的角度构建用户的深度需求,从而与用户建立情感共鸣获得反馈以验证事实。为了实现可靠的用户研究,设计师需要重复设计调研步骤以满足用户需求,设计调研方法与步骤将在第4章详细讲解。

4. 准则4:有竞争力的用户体验设计

用户体验是用户在使用互联网产品完成任务或实现目标的整个过程中对交互界面的认知和感受。用户体验不仅要关注交互与设计内容,如产品线框图、任务流程图以及功能说明等,也要注重客户开发与商业模式的构建。完美的用户体验设计将使产品具有持续的竞争力,使用户在使用过程中提升效率、解决用户未意识到的痛点、满足用户潜在需求、创造用户使用需求。

产品功能的融合能够使产品高效落地、迅速迭代,滴滴打车通过驾乘共享颠覆传统出租车行业,在互联网背景下通过大数据进行资源联合,将线上与线下融合,为用户带来了极大的便利,如图3-11所示。Instagram简化了拍照和录制视频后分享的烦琐流程,用户可以一键分享到移动端,实现与其他用户的沟通交流。在线交友产品 Tinder,能根据地理位置推荐共同兴趣的对象,当双方彼此感兴趣时才能成功配对和交流,让用户基于兴趣寻找志同道合的好友。

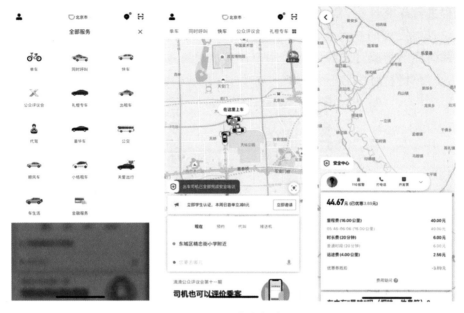

图 3-11　滴滴打车

　　这些产品之所以成功,不仅是有明确的商业策略和可靠的用户调研,还是经过无数次的用户研究与设计迭代,才构建出使用户满意的产品。灵活运用以上几条准则,打造具有竞争力的用户体验设计产品才能够获得竞争优势。

3.4　本章小结

　　随着技术的发展,产品越来越复杂,用户群体也愈加多样化,我们需更加关注和重视用户体验。对本章内容的掌握越熟练,你就越可能清晰地探究自己的问题。以下是本章一些关键点的小结:

　　用户体验良好是设计产品的明确目标,通过对用户体验各个要素层面进行优化,提升用户体验水平。在用户体验的整个开发过程中,所有的功能和模块的开发均是围绕着一个明确且有意识的目的进行的。产品越复杂,确定如何为用户提供良好的使用体验就越困难,使用过程中的每一个附加功能或者步骤都会增加用户体验失败的机会。

　　通过用户体验度量方法、评价模型、评价方法对用户感知、心理与决策过程进行研究分析,使设计和评价过程更加结构化,为设计决策提供重要信息。日益发展的技术能使我们更好地收集和分析用户体验数据,包括眼动跟踪研究与情感计算技术等。用户体验度量有助于我们更好地理解用户行为,从而对设计产品进行优化。

功能树　　　　　　　　　推荐书籍

第4章

交互之源：用户研究

交互设计师要具备一定的用户研究和信息收集能力，通过以用户为中心的思维模式，运用访谈、问卷调查、可用性测试等基本方法进行用户研究需求分析，形成用户研究结论并构建用户场景与模型，明确用户需求点。在循环迭代中持续进行用户研究，发现产品问题并优化产品体验。

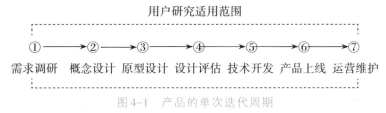

用户研究适用范围

① → ② → ③ → ④ → ⑤ → ⑥ → ⑦

需求调研　概念设计　原型设计　设计评估　技术开发　产品上线　运营维护

图4-1　产品的单次迭代周期

如图4-1所示是一个产品的单次的开发周期，从产品的需求调研到运营维护，产品的整个生命周期中有多次该过程的循环，也就意味着多次的用户调研和研究。之所以会产生这样的循环，一方面是因为需求总是在与时俱进，调研也要随时更新，另一方面则是因为以用户为中心的设计任何时候都无法脱离用户。在产品开发中，用户研究总是扮演着先行者的角色，通过对用户进行深入研究分析，透过用户行为的现象了解用户的需求本质。

4.1　用户需求与目标

4.1.1　用户需求的意义

每天都会有大量新的网站和手机App"诞生"和"死去"，有的有令人羡慕的用户量，有的却始终无人问津，令人唏嘘。除了宣传原因、技术开发的不足之外，在用户越来越注重品质和体验的时代，用户体验不足也是产品难以流行的原因。有的产品面上瞄向用户的某个需求，但是核心功能却和用户的核心需求相背离,用户要么无动于衷,要么在困难的使用过程中逐渐抛弃之。避免这种现象的关键在于提前对用户的需求进行深入的探索。

"需求"代表着需要和欲求,需要是机体的一种客观需要,欲求则是一种主观需要,用户需求主要指目标用户的主客观需要,包括人在生理、心理、环境、社会等方面的需要。①在经济学中,需求、购买欲望、购买力之间存在一个基本公式:需求=购买欲望+购买力,产品价格与需求量之间的关系可用曲线表述,如图4-2所示。当然,有的需求可以靠用户自己表达出来,但是有的需求需要研究挖掘。由于用户需求是目标用户在具体场景中进行目标事件所产生的需求,因此挖掘需求时应该关注用户的目标。在实现用户目标阶段,通过优化产品及交互流程来满足用户需求。

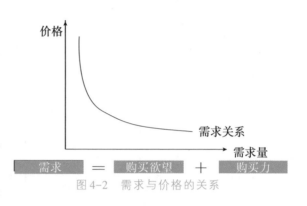

图4-2　需求与价格的关系

4.1.2　用户需求分类

在心理学上,需求是指人体内在的一种不平衡状态,主要由生理上和心理上的缺失或不足引起的一种内部的紧张状态。同时,需求在生命维持过程中是客观条件必需的主观反应。交互设计重点关注心理因素所促成的用户需求。马斯洛(Abraham Maslow)在《人类激励理论》中对需求层次进行了论述。人的需求可以分为:生理需求、安全需求、情感与社交需求、尊重需求、自我实现需求。

生理需求是满足基本生活的低级需求,心理需求则是体现内心满足的高级需求。但在实际需求层次划分中,生理需求和心理需求没有清晰的界限,并且无法实现精准量化。但无论如何,只有满足了低层次需求才有可能实现更高层次的需求,并且每个层次的需求被满足后,就会催生更高层次的需求。

由于现代一些设计哲学流派强调求知、求美,强调人与自然的一种

①杨颂,蒋晓.基于ZMET的产品设计用户潜在需求发掘方法研究[J].大众文艺,2012(7):3-4.

和谐共处的伦理关系,人们开始拥有更加丰富、强大的求知欲望,对事物也有着独特而且日益加强的审美需求。因此,马斯洛的学生进一步拓展了需求层次的研究,结合尊重需求和自我实现需求之间的关系,在两者间增加了求知需求和求美需求。自我实现这一高级需求,建立在生理、安全、情感、尊重等基本需求满足基础上,以求知求美为过程,以天人合一精神境界为需求追求中的最高境界。需求层次实现简图如图4-3 所示,需求层次金字塔如图4-4所示。

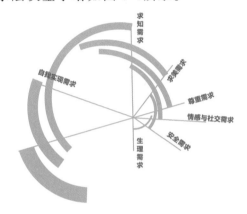

图4-3 需求层次实现简图

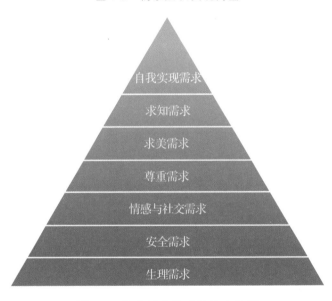

图4-4 补充后的需求层次金字塔

基于马斯洛需求层级理论,耶鲁大学组织行为学教授克雷顿·奥尔德弗(Clayton Alderfer)通过更现实更深入的研究后,修正了马斯洛理论的某些论点,并提出了ERG理论:生存需求(existence)、相互关系需求(relatedness)、成长发展需求(growth)。ERG理论弱化了需求的层级关系,三种需求之间没有明确的界限,属于连续关系(见图4-5)。可能同时存在,也可能在某个阶段由其中某个需求起主导作用,影响行为的发展。在低层次需求实现后,存在两种可能性:继续追求更高层次的需求,或继续保持对原层次需求的追求。但是,如果对更高层次需求追求失败后,就可能退而求其次,在更低层次的需求中寻找更大的发展。

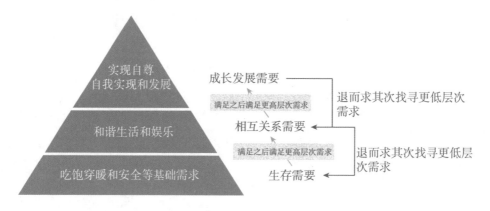

图4-5　ERG(生存、相互关系、成长发展)需求关系

根据不同的标准,用户需求又有不同的分类,比如:

(1)根据需求产生的根源,用户需求可划分为生理性需求和社会性需求。

(2)根据需求的对象和属性,用户需求可划分为物质需求和精神需求。物质需求依赖于外部物质满足,是人类的基本需求;精神需求是人类内在意识的抽象需求。

(3)根据需求层次,需求可划分为显性需求和隐性需求。显性需求是能够被明显反映和表达的,存在于人的意识中;隐性需求是无法被察觉和模糊的,存在于人的潜意识中。

(4)根据对需求的认知和识别程度,需求可划分为现实需求和潜在需求。潜在需求和隐形需求有本质上的不同,不能混为一谈。

4.1.3 用户目标

目标是个人、部门或者整个组织所期望的成果,驱动着企业的整体行动。以苹果公司开发iPod为例,在产品开发的过程中,产品的功能和行为有一系列确定的目标,在解决与用户的问题,满足用户需求为最终目的、结果的同时,也包括了企业的成本和风险控制,因此苹果公司等企业在进行产品的开发时都会形成自身的商业模式画布,如图4-6所示。

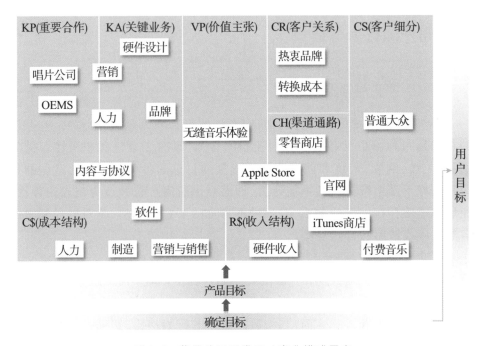

图4-6 苹果公司开发iPod商业模式画布

艾伦·库珀提出了用户的三种目标,即:体验目标、最终目标和人生目标。

(1)体验目标:指用户在产品使用过程中所期盼的感受,是用户体验的核心。因此,交互设计师需要关注用户的体验目标,并转化为产品中的视觉、物理、功能等相关特性,满足用户各方面的感官感受。

(2)最终目标:体验目标使用户的心理产生期望,实现期望的结果是最终目标。比如,用户在使用一款App之后想要得到的各种体验(比如有趣的交互、好看的视觉、简单易用的功能)都是为了实现最终的目的而铺设的。

这些体验过后，用户使用 App 还是要完成一定的任务，比如使用某款订餐软件进行订餐，订餐过程的便利性与舒适度是用户的体验目标，而订餐的完成是用户的最终目标。

（3）人生目标：这是用户最高层次的心理需求和渴望，超越产品的本身。人生目标有着更深层次的内在动机，这不是通过独立的产品实现，而是环境、场景、过程体验等一系列因素共同作用的结果。如果产品、服务能帮助实现用户的人生目标，产品、服务将具有更强的用户黏性。

4.2　用户的行为与认知

4.2.1　用户行为与交互形式

对于人类行为，可以分为两类：有意识的行为和无意识的行为。有意识的行为是一种由思维和目标导向控制的行为，具有主动性和积极性。例如学习、工作、购物、锻炼和使用产品完成预期目标的各类行为。无意识的行为是一种不受思维控制的本能行为，即潜意识行为。这种行为与人的背景、经历和经验存在一定的关系，是一种不自觉的下意识行动，是对外界刺激的自然反应或情感的自然表露。

在交互系统中用户与产品之间存在着的交互形式就是交互行为，交互行为包含两方面内容：①用户在使用产品过程中的输入、操控等行为；②产品行为，如语音、阻尼、图像和位置跟踪等对用户操作的反馈行为和产品对环境的感知行为等。一方面，与一般意义上的行为相比，交互行为可以实现主、客体的转换，主体和客体是用户也是产品。另一方面，一般意义上的行为主要是单方面或单向的，交互设计中涉及的行为是双向的，着重点是用户与产品之间相互的行为，二者行为和谐必定以协调为基础。简而言之，行为的和谐必须以相互理解为基础，若无法实现互相理解，交互行为必然发生一定的冲突。

诺曼认为在整个交互过程中，用户需要考虑交互行为的七个阶段（如图4-7所示）。即目标的确定为第一阶段，执行和评估过程又各自分为三个阶段。执行过程的三个阶段包括设置具体动作顺序、动作的执行以及对外部世界的关注；评估过程的三个阶段包括评估实现目标的意图、动作执行顺序的评价以及动作执行结果的评价。

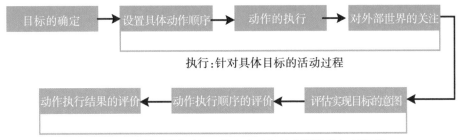

图 4-7　交互行为的七个阶段

4.2.2　用户认知分析

1. 认知的含义

何为认知？在我们生活中，当人们行走在马路上的时候，如果手机突然震动，有些人就会下意识地掏出手机来查看消息。如果此时听到一声汽车鸣笛，人们又会抬起头来查看情况，规避危险。当人们走到路口，会根据交通指示灯有序地穿过马路。如果空气中还有汽油燃烧过的刺鼻味道，有些人会捂住鼻子迅速离开路面。

在上面这个场景中，人们时时刻刻接受外界给予感官的各种刺激信号。长久以来，这些感官的感知结果和生活经验就构成了用户固有的认知。认知来源于感官的经验积累，这种经验有助于人们在相同或者相似的环境中快速做出反应；也有助于快速理解外部世界的新鲜事物。

如果产品能够顺应用户的感官经验和习惯，符合用户认知，用户就能快速理解设计。在交互设计中，手机系统中音量和亮度的调节一般采用常识匹配，用户降低了使用的认知成本，提高了产品的使用效率。交互设计师如果能够对目标用户的认知习惯和特征进行深入地了解和分析，用户可以更容易理解产品的"预设用途"，这有利于掌控产品的设计方向。

通过前面的引例和描述，大家在脑海中逐渐形成用户认知的基本轮廓。虽然从用户的角度来说，基于认知的种种行为都是很自然、无须思考的。但是，这些无意识的行为往往包含了很复杂的运作机制。设计师如果要看清用户的认知模式和行为习惯，就要对这些运作机制和原理有所理解，才可能对用户进行认知剖析。

2. 认知心理学

用户认知分析的突破口在于认知心理学。什么是认知心理学？认知心理学是一门专注研究人类内部认知过程的心理学。它研究人的高级心理过程，主要是认知过程，如注意力、感知、表现、记忆、思维和言语等。

亨利·福特曾经说过："如果我问我的客户需要什么，他们会说需要更快的马。"如果让设计师就这种需求设计和研发产品，该如何结合认知心理学分析呢？首先，那个时代没有汽车，用户对于汽车的认知为零，但是更快的马其实代表着对很快速度的认知。所以客户会想要更快的马（内在推动机制）。设计师要去除"更快的马"这一表面需求，回归"更快速度"这个真正的需求。利用当时的技术生产出来的汽车确实满足了用户这一需求，可以说是设计、技术创造上的成功，也可以从结果上理解为消除了用户和设计者的鸿沟。

当代的认知心理学主要包括四个研究范式：信息加工、联结主义、进化论和生态学。

在交互设计对用户认知的研究中，主要采用信息加工的研究范式。也就是强调信息的输入、输出、存储和转换。

如果将用户认知比为信息加工的过程，则可以将其理解为信息在系统中的流。人脑就是这样一种系统，人们通过视觉、听觉、嗅觉、触觉和味觉等感官系统收集外部信息，并通过注意、感知和识别直觉等能力协同工作，对信息的获得、储存、转换、沟通形成了人的认知。认知还需要最终输出，即用户的行为，如图4-8所示为人脑作为系统处理信息的过程。

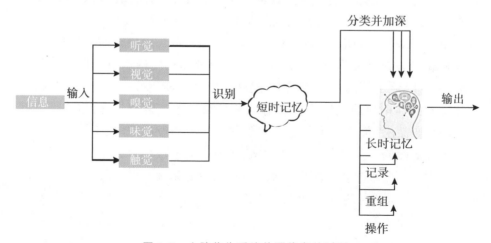

图4-8　人脑作为系统处理信息的过程

通过信息加工过程可知,用户对信息的处理主要有感知、注意和记忆。感知是三者中首先要完成的步骤,感知是感官接受外界信息进行处理后,产生的对周围世界的解析。感知的途径为人的感受器,即视觉、听觉、触觉等器官收集信息。对于不同的产品,用户使用的感官不同,所接受到的信息也就不同。

当然,用户对产品的感知并不是对产品的真实描述,有可能是用户期望感知到的,也有可能是用户使用的感知通道过于片面。用户对产品的感知如果属于期望感知到的内容,那很可能受到三种因素的影响:用户的经验、当下的使用环境、用户的目标。

（1）用户通过过去的、已经发生的事情中获取知识,影响用户感知,让用户在面对新鲜事物时有更好的应对机制。一般情况下,经验都是有利于用户学习新事物、了解新产品的。但是,经验也会让用户产生判断的偏差。感知系统使用经验对即将看到的内容、操作行为进行预判,如果这个过程出现差错,就会影响用户的认知。

（2）其次,环境也会影响用户的感知。环境在这里指的不是用户与产品之外,比如室内或是室外的环境、天气环境等的环境,这个"环境"特指产品自身构建的承载用户目标的具体环境,最直接的影响是对视觉的影响。要知道,人类的视觉会吸收目标周围的环境特征,刺激产生神经冲动,影响认知结果。

（3）除此之外,目标也会影响用户感知。根据前面需求研究的场景叙述,这里的目标指的是用户目标。也就是说,用户使用产品达到的目的不同,所产生的认知也就不同。目标的产生让用户的感知自动出现了过滤行为,也让用户更加专注于任务。

4.3 构建用户的体验情境

4.3.1 使用情境的分析

在用户体验设计和交互设计中,设计师除了关心产品、用户,常常关注一个重要但是外化的因素——使用情境,产品的使用情境就是用户使用产品时的外在体验环境。

手机已经成为人们日常生活中必备的工具,人们日常生活的大部分时间被手机占据,手机也跟随用户到达许多不同的场景。比如,早上起床,许多用户会不自觉地打开朋友圈,看看早上发生的新鲜事。在上班通勤途中,无论挤地铁还是公交,无论是站着还是坐着,多数用户都会拿出手机,成就了通勤途中玩手机的现象。晚上回家,许多用户睡前也会不自觉地躺在被窝里刷朋友圈、刷微博、玩游戏等。同样是玩手机的行为,不同的场合下玩手机的心理状态和操作行为却有很大差异。在私密空间的卧室里,人们玩手机的姿态很放松,尽量找一个舒适的姿势。但是在通勤途中人们操作手机却要照顾周围环境,甚至单手操作。在人少的时候,操作手机可能握得更松,人多而挤的时候可能随时都要握紧手机。不仅如此,不同的人操作手机也有不同的习惯,有的人担心自己的隐私泄露,公众场合下操作手机时会有部分遮挡,有的人却很大胆地操作。

用户的行为绝对不可能离开实际的操作环境而存在,特定的场景也导致用户有不同的行为变化。情境决定着用户的交互行为,催生不同的用户需求。

用户使用产品的情境因素存在着多种划分方法。结合学者在情境感知系统的研究,学界制定了两种不同的划分方法。第一种是将其划分为与人相关和与物理环境相关的情境,前者包括用户的信息、社会的环境、用户的任务、目标等因素,后者包括位置、设备等外界的环境。另外一种划分方法则分为内部情境和外部情境,前者指用户自身的状态,后者指物理环境的状态。

两种划分方法都是将物理环境划入同一类别,将用户相关因素划入同一类别。外界物理环境也和用户息息相关,因此,情境分析几乎和用户本身直接相关。使用两种划分方法对情境进行分析时,都要以用户的任务和目标为导向。图4-9是对情境的综合分析的方法。

图4-9　情景综合分析方法

马克思说,"人是一切社会关系的总和",人其实是处于社会大环境中的个体,宏观的环境包含了社会文化、社会整体价值观等。这种宏观的环境决定了用户是谁,是什么样的人,他需要什么样的产品,达成什么样的目标,要完成什么样的任务,这种过程中有什么样的需求和约束。微观的环境指的是用户在产品使用过程中的具体细节的一些场景条件。

在分析的过程中，始终要关注三个关键因素和两个关键点。

使用情境表示一个关于"什么人在什么情况下要解决什么"的问题。然而，这三者是在一定的化学反应后才能产生一个特定需求下的场景。这三者就是三个关键因素：对象、行为和情境，也可以理解为用户、需求和场景。

时间和空间就充当了两个关键点，合适的情境对合适的时间与空间允许的需求。对于使用场景，其实就是对用户模型建模与场景建模的补充，其目的就是在产品未上线之前，让设计团队进行模拟体验用户的使用流程，更加细致地了解用户需求。

4.3.2 用户画像、使用场景与故事板

1. 什么是用户画像？

用户画像（Persona）建立在一系列真实数据之上，代表了产品面临的真实用户，有助于定位目标用户、聚焦产品并挖掘用户真实需求。一般通过定性定量方法分析调研所产生的用户需求与认知分析来构建用户画像。

用户画像与最终的真实用户是什么关系呢？真实用户是产品的使用者和体验者，喜好和行为都是十分精确的，但是这往往是设计师难以描述的内容。用户画像是由真实用户的数据构建而来，代表一类用户的共同特征，在设计研究中被设计师描绘成了一个具体的用户。用户画像关注的是未来产品诞生之后目标用户的体验，以及目标群体的潜在需求。

2. 用户画像的构建

用户画像代表了真实用户的共同特征，具有用户的所有属性，包括基础属性、社会属性和心理属性等，详细构成见图 4-10。不同产品在构建用户画像时有不同的目标，有用户的基本信息、行业信息、行为特征、心理特征、兴趣爱好、用户目标与故事、使用习惯、影响环境、差异提炼等，根据产品特点，对用户进行深入剖析。构建智慧导览产品用户画像时，需要了解用户的出游习惯、兴趣偏好、消费水平与购买喜好等；构建老年人照护辅助产品时，需要了解照护者的设备使用情况、日常照护任务与问题等。一个有价值的用户画像在产品设计过程中要包含用户背景、动机、态度、行为以及目标，从而找到产品机会点，形成产品需求点。

用户属性	行为习惯	兴趣偏好	消费属性	心理属性
基础属性 姓名 性别 年龄 地域 社会属性 学历 职业 收入水平 婚姻状况 家庭情况	使用习惯 饮食习惯 购物习惯 出行行为 社交方式 生活习性	个人爱好 浏览偏好 使用习惯 行为偏好 交际偏好 品牌偏好 产品偏好	购买能力 消费偏好 偏好价格区间 消费频次 偏好品类	生活方式 个性特征 价值观 个人信仰 目标动机 情绪态度 影响环境 使用痛点

图 4-10 用户画像构成

用户画像的构建基本分为九步：

第一步：根据角色对研究对象进行分组。设计调研前要确定用户类型，如智慧小屋服务对象是社区居家老年人，母婴室服务对象为母婴群体。在完成设计调研与用户研究工作之后，设计师需要对调查数据进行大致的分类组织，根据用户角色的不同对研究对象进行分组。企业产品的用户画像侧重于对应工作角色和职责，一般消费产品的画像侧重于家庭角色、个人特征、兴趣爱好、目标与动机等。

第二步：构建显著行为。将每种角色身上观察到的一些重要行为列入不同的行为变量。这些变量包括用户的活动、态度、能力、动机以及技能。

第三步：研究主要人群和行为变量的对应关系。从研究对象身上挖掘重要的行为变量后，将每个研究对象和行为变量进行对应。一些行为变量可能代表一系列连续的行为区间。

第四步：构成重要行为模式。完成研究对象的映射之后，找到各个变量中的主体群。通过 6 到 8 组不同变量的主体群分析，可以构成显著行为模式。

第五步：明确各种特征和目标。从用户画像的行为中寻找目标和其他特征，在研究过程中对观察结果进行综合提取，包括在一段时间内具有代表性意义、对产品有意义的典型使用情况。这些典型、重要的行为画像要综合数据细节，包括行为、使用环境、使用当前解决方案遇到的挫折和痛点。

第六步：对用户画像进行修正。如果发现两个用户画像仅在一些人口统计数据方面有区别，就要去掉一个重复的人物画像。到这一步用户画像基本能使用。由于设计产品的受众优先次序不同，对应需要的设计工作也就不同。如何确定设计工作的进行，就要对用户画像进行分类。

第七步：用户画像分类。

（1）主要用户画像：顾名思义，是产品的主要使用者。

（2）次要用户画像：主要用户画像基本满足次要用户画像。但是，次要用户画像有额外的特定需求，对于他们的需求，可以在不削弱主要用户画像的前提下满足。

（3）补充用户画像：主要用户画像与次要用户画像之外的是补充用户画像。

（4）客户用户画像：解决的是客户而不是直接用户的需求，有时候客户用户画像被处理为次要用户画像。

（5）接受服务的用户画像：这类人不是产品的用户，但是会受到产品影响，比如前面提到的教育产品案例中的学生。

（6）负面用户画像：也称为反用户画像，不是产品的实际用户。这类用户画像是讨论的一个工具，可以理解为钻产品漏洞、为产品挑刺的这类人。

第八步：细化用户画像。给用户画像设定名字，为用户画像选定照片或头像，用户画像就建立完成了。

第九步：验证用户画像。验证环节需要对比场景叙述细节是否合理，通过浏览原始数据，一旦发现原始数据与用户模型发生重大的分歧就要进行合理的修正。一种有效、快速而便捷的修正方法是召集与用户画像匹配的用户进行焦点小组访谈，通过观察和问答直接获得反馈。

用户画像构建如图4-11所示，用户画像的构建能使我们的产品更为聚焦，在产品构思阶段能明确市场发展方向，在需求分析阶段能定义产品功能优先级，在产品设计阶段对用户喜好与使用习惯进行分析，定义产品的视觉与交互设计。

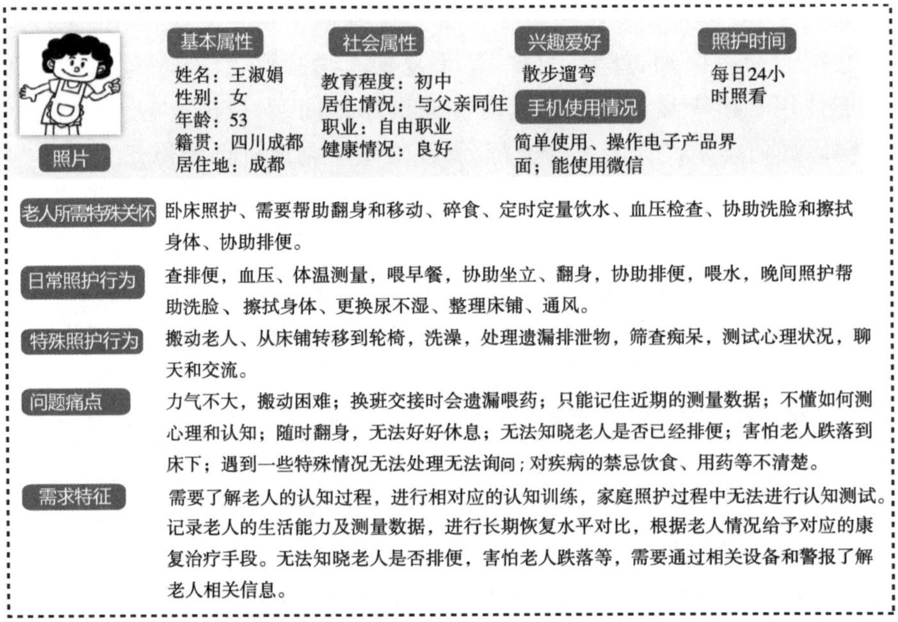

图 4-11 照护辅助产品用户画像

3. 用户场景

用户画像建立完成之后,必须放置在合理的场景中。场景,又称为 scenario。在交互设计原理阶段我们介绍过:行为总是发生在一定的场景中,用户行为的分析离不开场景的分析。同样,用户画像也必须放置到场景中才能发挥作用。场景可以分为组织场景、社会场景、物理场景和用户场景。组织场景可能涉及的是业务或者服务方式、服务流程、用户与交互对象的关系;社会场景就是用户在社会环境中,同其他社会个体组成的环境关系;物理环境指的用户所处的实际空间环境,光线、温度、周围声音大小等都是物理场景的因素;用户场景是此三种场景的综合,所以这种划分方法只是帮助分析场景,并不代表场景要素的单一性。

用户的场景故事主要是选择以叙述为主要手段,想象并讲述一个用户如何使用产品的故事。叙述有何优势?首先,叙事本来就是人类所擅长的创造工具,利用故事来考虑各种可能符合人的思考习惯,更能充分利用人的强大创造力。场景叙述具有的社交属性使之具有很强的吸引力,用来在团队成员和利益相关者之间分享优秀创意。简单地说,场景叙述就是讲故事;而讲故事是设计团队人人都能理解,而且引人入胜的探索形式。场景叙述同时还是一种高效的设计工具。著名的迪士尼幻想工程师(Disney Imagineer)就是利用场景叙述的方式构造体验,创造出经典的现代神话。不仅如此,场景叙述对在视觉描述方面也十分有效,一般结合画板、图画等工具激发想象、呈现出交互概念。场景的优势不言而喻,在使用场景的时候更要结合用户画像。艾伦·库珀表示,基于用户画像的场景是以叙事的方式简明地描述产品或者服务,从人物模型的角度描述一种理想的体验,聚集于人的思考方式和行为方式,而不是关注科技或者商业目标的实现。

4　故事板

故事板形式最开始应用于动画领域,如今广泛应用于电影、互动媒体、产品设计等众多领域,主要是以图表的形式构建连续动画并加以文字标注[①]。故事板利用视觉形式讲故事,以故事的形式分享产品使用过程与服务、产品特色以及产品使用痛点与卖点等,为用户提供足够的信息,便于用户产生共鸣。故事板的绘制基于前面所建立的用户画像及用户场景,具体步骤如下:

(1)首先要围绕用户画像设定使用场景、用户目标以及用户期望。比如在居家照护产品故事板构建中,用户的使用场景为社区居家,照护人员需要了解老人的认知过程,进行相对应的认知训练,目标是记录老人生活能力水平及数据,用户期望为数据化呈现老年人的生活能力并定制训练计划。

(2)确定用户行为路径,建立一个基本的故事板框架,用文字确定每个画面的主旨。故事场景单元中首先详细说明用户开始旅程的触发点,接下来从不同的角度思考产品使用过程,最终介绍产品为用户带来的好处。

(3)建立故事板核心内容,绘制故事板基本场景和关键角色。

(4)细化故事板并添加文字叙述,绘制完成后阅读故事板是否完整和流畅。

故事板的建立要独立完整,能够清晰地将我们发现的问题和构建的使用场景传达给用户,让产品设计师全面理解用户与产品之间的交互关系,具有可视化、生动化、易于理解等优点。如图4-12为居家照护辅助软件照护者对老人进行生活能力测试的故事板。

---

① 王欣慰,李世国.产品设计过程中的故事板法与应用[J]. 包装工程,2010(12):69-71.

图4-12 生活能力测试故事板

4.3.3 流程图

1. 任务流程图

任务流程图(task flow)是用图表的方式反映用户在使用产品时进行的一系列操作过程,具有特定逻辑关系。通过任务流程图能直观地了解用户完成某个任务的操作过程,设计的目标是优化使用流程、以最少的摩擦力完成任务。任务流程图的绘制在产品信息架构后,基于产品架构分解各个任务层的具体操作。如图4-13为居家照护辅助软件设计中对老人进行能力评估时的任务流程图,包括生活能力评估与认知能力评估。生活能力评估可添加硬件监测,评估时直接导入硬件评估信息,其余身体机能、日常生活与心理能力需要手动输入。认知能力评估需要照护人员辅助老人进行认知游戏测试,在测试完成后生成能力评分并展示在主页上。

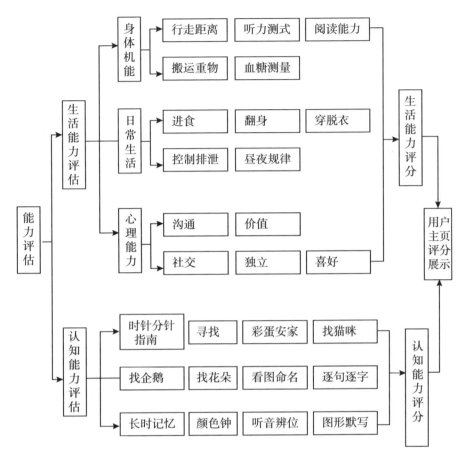

图4-13 能力评估任务流程图

2. 页面流程图

页面流程图包含产品原型界面，通过连接线将业务流程和功能界面梳理清楚。从需求分析到信息架构再到业务流程图，能够让我们更好地理解并优化用户与产品之间的交互关系，评估主页面流程图如图4-14所示。

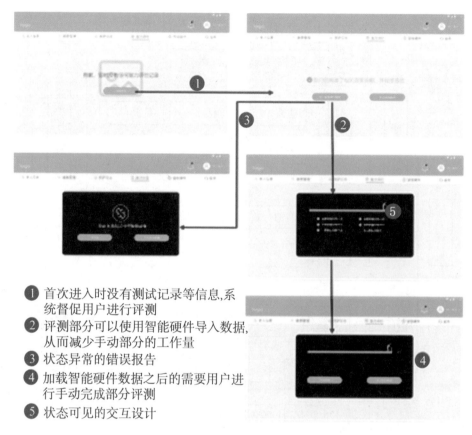

① 首次进入时没有测试记录等信息,系统督促用户进行评测
② 评测部分可以使用智能硬件导入数据,从而减少手动部分的工作量
③ 状态异常的错误报告
④ 加载智能硬件数据之后的需要用户进行手动完成部分评测
⑤ 状态可见的交互设计

图 4-14 评估主页面流程图

4.4 用户研究方法

　　用户研究方法包括用户访谈、问卷调查、实地调查、A/B测试、可用性测试等采集数据的方法,还包括用户画像、故事板、Kano模型、层次分析法(AHP)、质量功能配置法(QFD)等数据整合分析方法。在用户研究中通过问卷调查了解用户的基本情况,包括用户基本属性、社会属性与心理特征等信息,对用户进行访谈能更深入了解用户的情况。在设计调查结束后,对调查研究数据进行整合分析,基于调查数据建立目标用户画像与使用场景等。本节将重点介绍问卷调查、用户访谈等数据采集方法,以及 Kano 模型、AHP、QFD 等用户分析方法。

4.4.1 问卷调查

问卷调查是最常用的调研方法，以书面的形式向研究调查人群提问，常用的有纸质问卷与网络问卷两种形式。与传统的纸质问卷相比，网络问卷调查具有更大的辐射范围，在空间上没有限制，同时也具有更高的效率。问卷调查是一项完整的调查活动包括：问卷调研目标制定、方案设计、问卷样本回收、结果统计分析和输出，问卷调查流程如图4-15所示。

问卷设计

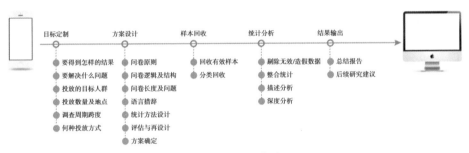

图4-15 问卷调查流程

1. 问卷组成

准备阶段要确定问卷调研的目的和方向，以及需要了解用户哪方面的数据信息。根据调研目的对问卷进行设计，包括问卷标题、问卷介绍、具体问题与选项以及结束语。

标题应直接表明调查主题，问卷介绍要表明调研者个人信息以及问卷内容与目的，并对填写问卷人员表示感谢，如："尊敬的先生、女士，您好！感谢您协助我们完成问卷调查研究，我们是某某大学交互设计专业学生，本次问卷用于调查参观植物园人群定位，采用完全匿名的形式，请您放心作答。完成所有问题预计花费3分钟，感谢您的参与。"问题是问卷的主体组成部分，包括单选题、多选题、量表题、主观题等，在问卷填写完成后，对参与人员表示感谢。

2. 问卷设计

问卷中问题的排序要注意逻辑关系，对问题进行逻辑排序和合理分组。比如在研究参观植物园游客时，首先了解游客的基本信息，如性别、年龄与职业等，定义用户的基础属性与社会属性，再询问游客去植物园的频率、时间等,接下来了解游客对植物园活动知晓情况、游玩目的、获取信息渠道、游览需求等更深层次的问题,最后询问游客对智慧导览产品的需求度、功能需求以及期望需求等,循序渐进地获取所需信息。

在问卷设计中问题要围绕调查目的展开,预想通过该问题的调查研究,我们能获取哪些有效信息。如图4-16所示的问卷中,通过了解游客去植物园的目的、植物园游览收获情况等可以了解到游客游览目的和价值获得取向以及目前植物园能够提供给他的收获价值,便于我们在后续产品中针对性的做出改进。

您在游玩植物园的主要目的?
□ 观赏风景
□ 休闲游玩
□ 考察研究
□ 家庭娱乐
□ 植物识别
□ 科普活动
□ 朋友聚会
□ 摄影
□ 写生
□ 其他

您通过成都植物园的植物标示牌对植物知识的收获是?
○ 有很大收获
○ 有一定收获
○ 几乎无收获(标示牌上文字说明不够醒目)

经过植物园的游览,您认为?
○ 收获了很多的植物知识,植物景观很好
○ 收获了少量的植物知识,植物景观一般
○ 没有收获植物知识,植物景观不好

图 4-16 问卷问题设计

问卷设计中可通过不同问题类型获取答案,通过采用李克特五级量表对产品功能需求进行评分。量表问题在设置时需采用不带主观感情色彩的陈述句,由用户对陈述句进行需要程度评分,了解用户对该产品的综合看法。图4-17为整体问卷设计,设计完成后一般需要设计师自测,获取数据后针对问卷不合理部分进行调整,包括问卷文字、语法及逻辑,避免出现令人困惑的问题。

3. 问卷回收与统计分析

调研完成后对问卷进行样本回收和统计分析,帮助设计师在数据中发现有价值的信息。样本回收包括网络问卷和纸质问卷的回收,网络问卷可以直接得到数据表,纸质问卷则需要录入电子档方便统计。对无效问卷进行剔除后获得有效样本,分别对答案进行统计分析,简单的数据统计可以用Excel来计算,复杂的运算则需要借助SPSS软件。

关于植物园游客研究的问卷调查

尊敬的先生、女士：

您好！感谢您在百忙之中抽出空闲时间来完成我们的调查问卷，我们是西南交通大学的学生，本次问卷用于调查参观植物园人群定位，采用完全匿名的形式，请您放心作答。

1.您所在的年龄段？
A.18岁以下 　　　 B.18~27岁 　　　 C.28~35岁 　　　 D.36~45岁 　　　 E. 46~55岁
F.56岁以上

2.您的职业？
A.学生 　 B.公司（企业）工作人员 　 C.离退休人员 　　　 D.自由职业 　　　 E.其他

3.您去成都植物园的频率？
A.每周一次 　　　 B.每月1~2次 　　　 C.每季度1~2次 　　　 D.每年1~2次 　　　 E.没去过

4.您会选择什么季节去成都植物园？
A.春季 　　　 B.夏季 　　　 C.秋季 　　　 D.冬季 　　　 E.任何时间

5.您一般去成都植物园游玩的时间是？
A.周末 　　　 B.法定假期 　　　 C.寒暑假 　　　 D.旅游淡季 　　　 E.个人假期
F.举办展览或活动期 　　　 G.不定期 　　　 H.其他

6.您去植物园的交通方式？
A.自行车 　　　 B.步行 　　　 C.公共交通 　　　 D.出租车 　 E.私家车 　 F.其他

7.提到成都植物园你会想到什么？
A.主题花展 　　　 B.科普教育 　　　 C.天然氧吧 　　　 D.植物世界
E.游乐世界 　　　 F.其他

8.您对成都植物园的四季花展了解多少？
A.全部了解 　　　 B.比较了解 　　　 C.一般 　　　 D.完全不知道

9.您常和谁去成都植物园游玩？
A.独自 　 B.家人 　 C.伴侣 　 D.朋友 　 E.单位组织 　　　 F.旅行社组织 　　　 G.其他

10.您游玩植物园的主要目的？
A.观赏风景 　　　 B.休闲游玩 　　　 C.考察研究 　　　 D.家庭娱乐 　　　 E.植物识别
F.科普活动 　　　 G.朋友聚会 　　　 H.摄影 　　　 I.写生 　　　 J.其他

11.您游览成都植物园的方式是？
A.手机导览 　　　 B.园内导向地图 　　　 C.园内观光车 　　　 D.漫无目的

12.您通过成都植物园标示牌对植物知识的收获是？
A.有很大收获 　　　 B.有一定收获 　　　 C.几乎无收获(标示牌上文字说明不够醒目)

13.您喜欢的游览方式？
A.智能导航游览(手机进行景点语音讲解） 　　　 　　　 B.导览图自助游(植物园游览地图)
C.讲解员导游 　　　 D.AR导览(增强现实技术)

14.如果有一款植物园智能导览App(手机软件),您是否愿意使用？
A.非常愿意 　　　 B.可以尝试一下 　　　 　　　 C.不感兴趣

15.如果有一款植物园App,您对以下功能的需求程度打分

序号	项目	功能需求程度综合因素得分				
		5	4	3	2	1
		非常需要	需要	一般	不需要	很不需要
1	景点介绍					
2	游园须知					
3	活动推送					
4	语音导览					
5	花期推送					
6	AR+VR逛花园					
7	AR识花					
8	AR导航					
9	云赏花					
10	定制游览路线					

图 4-17 问卷设计

4.4.2　用户访谈

　　用户访谈是指访谈工作人员与产品潜在用户进行面对面交流,了解用户心理和行为的基本研究方法。顾名思义,用户访谈法的对象是设计产品或系统服务的直接用户。访谈目的不同,访谈可以分为结构式访谈、半结构式半开放式访谈、开放式访谈,一般是半结构式半开放式访谈与开放式访谈相结合。用户访谈需要主持人与被访者参与,通过访谈深入了解受访者的想法,挖掘受访者潜在需求。在访谈前需做好充足准备,包括招募受访者,拟定访谈大纲,确定访谈地点,在访谈后对访谈内容进行整理,用户访谈的工作流程如图4-18所示。

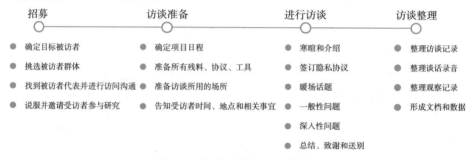

图4-18　用户访谈的工作流程

　　小组成员:包括主持人、记录员与观察员。主持人负责与受访者进行沟通,依据访谈大纲内容对受访者提问,根据受访者回答与兴趣点等实际情况进行针对性深入询问;记录员负责记录与受访者之间的访谈对话,在记录过程中可借助移动设备进行录音、录像等;观察员负责观察访谈者的微表情与微动作等,获取访谈中易被忽略的细节,观察中可以借助各种现代化技术来辅助观察。

　　访谈大纲:研究者基于一定的研究目的拟定用户访谈大纲以及观察表,大纲拟定前需要确定产品核心用户以及利益相关者,从而对不同用户进行针对性访谈。比如在植物园智慧导览产品设计时,产品核心用户是游客,利益相关者则包括植物园普通员工、保洁员、售票员、花匠,以及专家。每个用户对植物园现状与需求看法不同,多维度的用户访谈,使我们在设计时更好地做出决策。针对游客的访谈大纲见表4-1,利益相关者访谈大纲见表4-2。

表4-1 游客访谈大纲

游玩情况	游玩需求	对植物园了解情况	导览产品需求
游玩频率	植物识别	花期知识	设备设施需求
景点游玩情况	讲解员植物科普	游玩攻略	软件App需求度
遇到的困难	关注内容(植物科普知识、建筑、植物园自然氛围)		软件App功能需求

表4-2 利益相关者访谈大纲

普通员工	对园区工作环境的需求 是否有超过工作范围的内容 是否有大量游客引导工作 游客逗留景点及该景点工作需求 园区活动游客参与度、满意度与响应度 对园区的基础设施需求
专家	游客对植物园的认知盲区 去过哪些优秀的植物园 希望植物园达到什么高度 植物园里最大的乐趣是什么
花匠	可以互动的植物推荐 维护植物过程中遇到的问题 希望游客来园区有哪些收获
售票员	遇到的常见问题(票价询问、优惠信息) 景区讲解员的需求度
保洁员	游客询问问题情况(路线、厕所等)

　　访谈地点与受访者:访谈地点一般为大小适宜的办公室,邀请受访者时要确定目标受访者、受访者年龄比例、行为习惯等,根据目标寻找受访者,并邀请受访者参与用户访谈。

　　用户访谈正式开始时要做好访谈记录工作,主持人在与受访者交流过程中,要让受访者充分表达自己的观点,在受访者感兴趣的地方深入展开,在访谈中循序渐进地挖掘出更深层次的信息。访谈结束后,将访谈中的文字、照片、录像等统一整理成电子档文件,便于进一步分析。

4.4.3　用户访谈+情绪板调研

情绪板中不同的色彩与质感代表着不同的情绪感受,通过头脑风暴进行关键词衍生,选择相关的图片样本,通过用户访谈的方法获取数据,将用户的情绪可视化,提取出符合产品定位的视觉元素。

案例:二十四节气文创产品情绪板调研

第一步:通过头脑风暴定义二十四节气文创产品传递的整体感受,提炼出关键词

小组对立春节气语义词汇进行头脑风暴讨论,以二十四节气文创产品为0阶概念,衍生出关于节气文创的云图,如图4-19所示。提炼出二十四节气相关的四个关键词:"传统感""文化感""价值感""雅致感",通过这些关键词衍生出一些词汇,采用网络问卷和线下问卷调研方式,回收67份受试者对于二十四节气文创产品的感知词语,其中"富有底蕴的""内涵的""诗意的"最能代表用户情感需求,如图4-20所示,这些衍生关键词是二十四节气文创产品要传递给用户的感受。

图4-19　二十四节气文创产品云图衍生

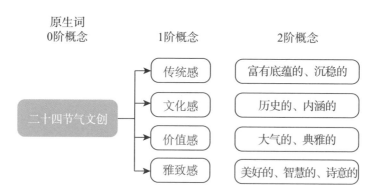

图4-20 感性概念衍生

第二步:利用衍生关键词联想物品,进行图片收集,通过用户访谈定义情绪板

根据衍生关键词所联想到的物品进行图片收集,对图片做一些统一裁剪处理,考虑图片布局与排版等。接下来小组以用户访谈的方式,让用户找出"富有底蕴的""内涵的""美好的"图片,对选择率较高的图片进行整合提炼,如图4-21、图4-22与图4-23所示。

图4-21 "富有底蕴的"图片结合提炼信息

图 4-22　"内涵的"图片结合提炼信息

图 4-23　"美好的"图片结合提炼信息

　　通过将关键信息按照物化、色彩、心境和质感四项进行分类,收集出每个关键词的提炼信息。将每个关键词的选择图片进行拼接,使用吸色工具吸取所选图片颜色,产生出三张图片的主色调。

　　第三步:根据情绪板调研产出色彩定位

　　经过调研分析提炼二十四节气文创产品的适宜色彩,其中绿色、黄色是图片中提炼出的经典组合,因此我们推荐在二十四节气文创产品设计中使用这两种素材组合。以绿色来传达出二十四节气的自然气息与丰富内涵,白灰色、绿灰色等多层次灰色展示出文创产品的传统与底蕴。在节气文创App产品设计中,以绿色为主色,黄绿色、绿豆灰、灰色等为辅色,表现出不同的层级信息,如图4-24所示。

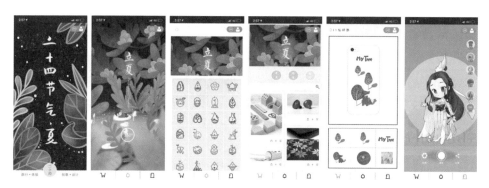

图4-24 节气文创App设计案例

定性的用户研究方法还融入了其他形式的研究,是在原有研究方法基础上的深入:

(1)焦点小组:参照之前确定的目标市场人群划分来确定代表性用户,之后设计师将这部分用户集中,询问一组结构化的问题,并提供用户选择的选项。一般以音频、视频的方式记录,以便于日后查阅。

(2)卡片分类:通常要求用户对一叠卡片进行分类(每张卡片都包含产品的信息),在事后交流以增强卡片分类研究效果,有助于理解用户的心理模型。

(3)可用性测试:又叫作用户测试,测试的目的通常是评估产品的可用性,即衡量用户完成目标性任务过程中,是否存在问题,能否达到预期效果。

用户研究是交互设计的最主要基础,在满足用户需求时,信息技术成为用户体验的支撑点。通过人机交互技术,增强用户感知、认知和控制能力,降低人与机器之间的交流成本。设计前进行全面的用户研究。开发周期中使用合适的技术,可以避免浪费资源和时间,使产品更加符合用户需求。产品开发后,设计师对产品可用性进行测试,通过观察记录具有代表性的用户操作使用情况,获取具有价值的可用性数据,评判设计的有效性。

4.4.4 分析方法

完成用户调研后设计团队拥有的一手资料有笔记、照片、录音、视频、问卷等,对调研资料进行深入、合理地分析,将数据转化为用户需求和能指导设计师的原则。在此阶段中,将需求进行分析处理是所有工作的重心。挖掘需求时应该关注用户的目标,同时目标人群也是重要前提,因此对目标人群的明确至关重要。通过目标人群的明确,可更专注于为某类特定人群进行服务,从而更容易提高此类人群的满意度,并进一步使产品实现差异化和成功。因为用户需求是目标用户在具体场景中进行目标事件所产生的需求。

用户需求获取除了一些常用的调研方法,也要用到合理、准确的分析手段,需求分析不仅仅是去除那些迷惑性的伪需求,同时得到需求的关系和重要程度等内容,然后有目的地进行设计。用户需求分析的方法有 Kano 模型、层次分析法(AHP)、质量功能配置法(QFD)等数据整合分析方法。

1. Kano 模型

Kano 模型是 Kano 博士设计的与产品性能有关的用户满意度模型。该模型进一步优化了用户需求的分类,反映了用户满意度与产品质量特性之间的关系。该模型将用户需求分为

Kano模型

五类:基本型需求(must-be quality)、期望型需求(one-dimensional quality)、兴奋型需求(attractive quality)、无差异型需求(indifferent quality)、反向型需求(reverse quality)。

(1)基本型需求,是必须具备的基本属性或功能。如果缺乏此类需求,产品的满意度会急剧下降,影响用户进一步探索产品的欲望。而且基本型需求是"理所应当""情理之中",满足或者超额满足该类需求也不会增加满意度,缺失则会降低满意度。

(2)期望型需求,指用户的需求能使产品所实现的功能更为优化。期望型需求是需求中最为集中的维度,是用户期望产品所具备的功能,在用户调研中容易得到,比较显而易见。尽可能满足用户的期望型需求,这样有助于企业核心竞争力的提高,并且更易在同质化的产品中脱颖而出。

(3)兴奋型需求,是指产品实际的出乎用户意料的产品属性,使用户在使用过程中得到意料之外的惊喜。这意味着虽然用户并没有察觉,但潜在需求已经在这个过程中得到满足。兴奋型需求可遇而不可求,如果企业能为用户创造兴奋型需求,就会提升用户的忠诚度和用户黏度。

(4)无差异型需求,是指用户不关心、不感兴趣的产品属性,不论提供与否,用户都不会在意。

(5)反向型需求,是指与用户期望相悖的产品属性,该属性会导致用户的满意度下降。

降低反向型需求和无差异型需求,节省开发成本的同时提升满意度。

我们以共享单车用户需求研究为例,将用户行为作为需求探索的出发点,通过观察用户使用共享单车行为,得出用户使用共享单车的用户旅程图。如图4-25所示,利用初期调查问卷枚举出Kano模型可能使用的功能特征描述词。然后根据旅程图的关键环节筛选功能特征词汇。前文所述,需求与功能特征对应,这些功能特征词汇反应的是用户需求。

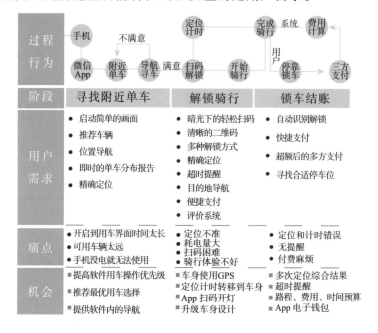

图4-25　共享单车用户旅程图

Kano模型最终的形成能够将所有用户需求进行分类,但是前期也需要一些基础的用户调研数据,有一些基本的调研流程可循。首先,研究人员可利用用户研究的基本方法对用户的需求有基本的了解,比如依靠问卷调查和访谈,知道用户对产品的基本看法和使用痛点。然后筛选出信度较高的需求,制作质量特性评价表,也就是Kano问卷调查表,如表4-3所示为共享单车用户需求调查表。在问卷发放之后收集问卷并进行分析,图4-26为问卷分析结果。

表4-3　共享单车用户需求调查表

使用环节	后台环节	支付环节
喜欢专用App或微信用车	是否需要全程定位	喜欢单次支付或充值扣费

续表

使用环节	后台环节	支付环节
喜欢蓝牙解锁或手动解锁	是否支持工作人员调配	是否需要骑行预算
喜欢扫码或输入号码	是否愿意加入单车共享	是否遇到过扣费故障
喜欢链条式或齿轮传动式车	是否加入注册活动	是否遇到过退款错误
喜欢骑行发电车或普通车	是否受到信号条件影响	是否出现超时超额
是否需要车灯	是否遇到定位故障	是否分享过优惠券、红包
是否需要车篓	对共享单车的管理意见	是否因为无在线支付放弃使用
是否需要水壶架	对车身安全性及损坏的意见	是否希望有他人代付功能

第十五题　您认为扫描骑行的方式方便吗？

选项	统计	图示	比例
非常不方便	8		21.05%
不方便	6		15.79%
无关紧要	12		31.58%
比较方便	10		26.32%
非常方便	2		5.26%

图 4-26　Kano 问卷分析结果

利用 Kano 模型需求归类矩阵对需求进行分类，如图 4-27 所示，M 代表基本需求；L 代表期望型需求；E 代表兴奋型需求；R 代表反向需求；Q 代表有疑问的需求，可能是问卷问题的描述让用户有些疑问；I 代表无差异

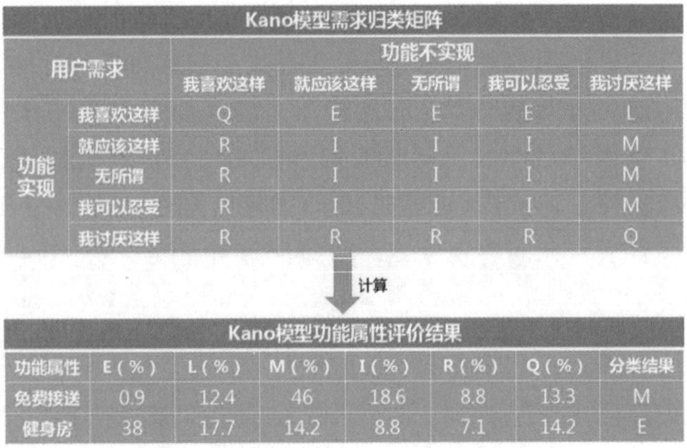
Kano模型需求归类矩阵

用户需求		功能不实现				
		我喜欢这样	就应该这样	无所谓	我可以忍受	我讨厌这样
功能实现	我喜欢这样	Q	E	E	E	L
	就应该这样	R	I	I	I	M
	无所谓	R	I	I	I	M
	我可以忍受	R	I	I	I	M
	我讨厌这样	R	R	R	R	Q

Kano模型功能属性评价结果

功能属性	E(%)	L(%)	M(%)	I(%)	R(%)	Q(%)	分类结果
免费接送	0.9	12.4	46	18.6	8.8	13.3	M
健身房	38	17.7	14.2	8.8	7.1	14.2	E

图 4-27　Kano 模型需求归类矩阵

型需求。求出调查样本数量中针对某一功能特性的需求占比，从而确定该功能特性的需求类型。共享单车用户需求经过Kano模式需求归类矩阵分类，获得重要性矩阵，如图4-28所示。

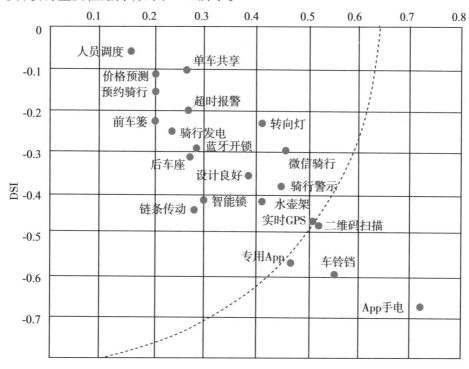

图4-28　共享单车需求重要性矩阵

2. 层次分析法

层次分析法（Analytic Hierarchy Process，AHP）是一种定性与定量相结合、能够将用户对不同评价因素的主观态度转化为量化权重的多准则决策方法[1]，由美国著名运筹学家 T.L.Satty 等人在 20 世纪 70 年代提出。在对问题的影响因素、决策因素以及原则等进行深入分析后，构建一个

AHP 层次分析法

层次结构模型，通过将其分解为相互关联的子系统，包括目标、准则与方案等层次，通过用户研究量化不同要素的重要性，根据其不同要素的重要性做

---

[1]李世国.交互系统设计——产品设计的新视角[J].装饰,2007(2):14-15.

出评价来客观量化用户需求,依据量化重要性排序做出客观分析与决策。

我们以老年人心智模型构建为例,首先将心智模型构建层次化,将其分为不同组成因素,老年人心智模型影响因素包括曾经工作情况、文化教育水平、老年人自身身体状况、社交方式与社交现状、所选择的养老方式以及日常生活起居习惯,将这6类因素分类作为评估依据。按照因素间的影响将其按不同层次组合,形成多层次的分析结构模型,最后归结为底层的方案层,具体步骤如下:

(1)构建层次分析结构模型。通过仔细分析,老年人在理解过程中的思维认知、在操作过程中的行为方式以及在使用过程中的情绪感受都会对老年人的心智模型产生影响。分别对目标层 A、准则层 B 与方案层 C 进行定义,目标层 A 是 AHP 所要达到的目标;准则层 $B_1 \sim B_6$ 为老年人心智模型影响因子,也就是目标所涉及的中间环节;$C_1 \sim C_3$ 为方案层,即解决问题的方案。根据上述分析,我们可以建立如图 4-29 所示的 AHP 模型。

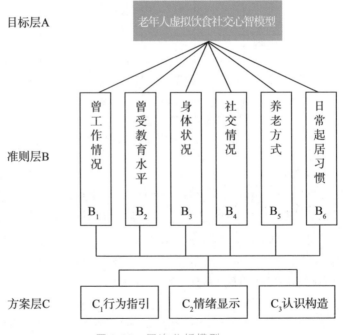

图 4-29　层次分析模型

(2)对步骤(1)中各层元素进行两两比较,构建比较判断矩阵。准则层

$B_1 \sim B_6$作为准则元素，对下一层元素$C_1 \sim C_3$有支配关系，因此按相对重要性赋予$C_1 \sim C_3$相应权重，即构造成对比较判断矩阵$C=(C_{ij})_{n \times n}$，其中，C_{ij}为元素i和元素j相对于目标重要值。判断矩阵构建形式一般如表4-4所示，判断矩阵中因子对比标度见表4-5。

表4-4　判断矩阵构建形式

B_K	C_1	C_2	...	C_n
C_1	C_{11}	C_{12}	...	C_{1n}
C_2	C_{21}	C_{22}	...	C_{2n}
...	...	...	...	...
C_n	C_{n1}	C_{n2}	...	C_{nn}

表4-5　因子对比标度及含义

序号	含义	C_{ij}赋值
1	i,j两元素同等重要	1
2	i元素比j元素稍重要	3
3	i元素比j元素明显重要	5
4	i元素比j元素强烈重要	7
5	i元素比j元素极端重要	9
6	i元素比j元素稍不重要	1/3
7	i元素比j元素明显不重要	1/5
8	i元素比j元素强烈不重要	1/7
9	i元素比j元素极端不重要	1/9

邀请评价者填写判断矩阵重要性比较咨询表，对于目标层老年人心智模型而言，准则层权重重要性程度判断矩阵A-B见表4-6。

表 4-6 判断矩阵 A-B

A	B_1	B_2	B_3	B_4	B_5	B_6
B_1	1	3	5	2	3	5
B_2	1/3	1	1/2	1/3	1	3
B_3	1/5	2	1	1/3	1/2	1/2
B_4	1/2	3	3	1	3	5
B_5	1/3	1	2	1/3	1	3
B_6	1/5	1/3	2	1/5	1/3	1

为计算方便可将判断矩阵 A-B 记为 A，简写为：

$$A = \begin{bmatrix} 1 & 3 & 5 & 2 & 3 & 5 \\ 1/3 & 1 & 1/2 & 1/3 & 1 & 3 \\ 1/5 & 2 & 1 & 1/3 & 1/2 & 1/2 \\ 1/2 & 3 & 3 & 1 & 3 & 5 \\ 1/3 & 1 & 2 & 1/3 & 1 & 3 \\ 1/5 & 1/3 & 2 & 1/5 & 1/3 & 1 \end{bmatrix}$$

接下来，我们可以写出判断矩阵 B_1（相对于曾工作情况，比较 C 层元素之间相对重要性）、B_2（相对于曾受教育水平，比较 C 层元素之间相对重要性）、B_3（相对于身体状况，比较 C 层元素之间相对重要性）、B_4（相对于社交情况，比较 C 层元素之间相对重要性）、B_5（相对于养老方式，比较 C 层元素之间相对重要性）、B_6（相对于日常起居习惯，比较 C 层元素之间相对重要性）。构建判断矩阵后，对判断矩阵进行单排序计算和一致性检验。

（3）层次单排序计算和一致性检验。随机一致性比率公式为 $CR = \dfrac{CI}{RI}$，当 $CR \leqslant 0.1$ 时，判断矩阵具有满意的一致性。计算判断矩阵 A 的一致性，其计算结果为：

$$A = \begin{bmatrix} 0.3793 \\ 0.1221 \\ 0.0777 \\ 0.2302 \\ 0.1280 \\ 0.0623 \end{bmatrix}, \lambda_{max} = 6.596, CI = 0.011, RI = 1.24, CR = 0.09$$

根据上述步骤计算，可得知 B_1、B_2、B_3、B_4、B_5、B_6 的相应权重与一致性检验结果。

(4)进一步计算各层次指标对总目标层的权重,并进行综合权重排序,见表4-7。根据分析计算结果得知 C_3 认知构造>C_1 行为指引>C_2 情绪显现,因此认知构造因子在决策中最为重要,通过权重排序能确定基于老年心智模型产品的核心功能。

表4-7 综合权重排序

准则层		曾工作情况 B_1	曾受教育水平 B_2	身体状况 B_3	社交情况 B_4	养老方式 B_5	日常起居习惯 B_6	总排序权重
准则层权重		0.3793	0.1221	0.0777	0.2302	0.1280	0.0623	
方案层单排序权重	C_1 行为指引	0.6370	0.1047	0.6724	0.2465	0.2465	0.0586	0.3539
	C_2 情绪显现	0.1047	0.2588	0.0703	0.3658	0.3658	0.2399	0.2448
	C_3 认知构造	0.2583	0.6370	0.2573	0.3877	0.3877	0.7015	0.4014

3. 质量功能配置法

质量功能配置法(Quality Function Deployment, QFD)由日本学者 Akao 等人在20世纪60年代提出,是一种从质量保证的角度出发,通过市场调研获取用户需求,将用户的需求化为设计要求、工艺要求、功能定义等的多层次分析方法[1]。其基本思想以质量屋(House of Quality, HOQ)的形式,如图4-29所示,将用户需求转化为设计需求,以用户为中心进行开发,使设计产品真正能满足用户的需求,从而提高用户的满意度。

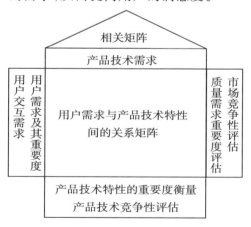

图 4-30 质量屋模型

---

①石元伍,韩珊. 基于QFD和Kano模型的医疗服务机器人造型设计研究[J].机械设计,2017,338(12):125-129.

在QFD模型构建中,首先进行设计调研,获取用户需求,将用户需求转化为设计需求建立质量屋,从而进一步确定设计要求与产品功能,下面以老年人居家养老照护为例,主要步骤见图4-31。

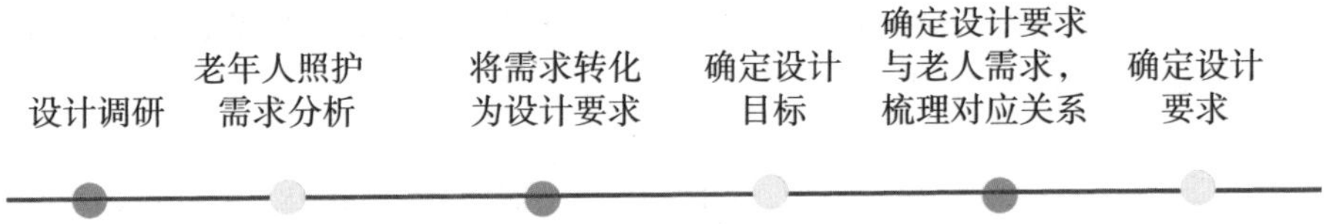

图 4-31　设计步骤

(1)对产品服务需求进行分类整理,通过数值度量需求之间的重要度。老年人居家养老照护服务内容需求包括健康管理需求、生活照料需求以及精神照料需求。健康管理提供远程诊断、医疗保健服务、心理咨询与疏导、线下检查预约、智能终端设备测量等服务。生活照料主要有膳食提供、穿衣、洗澡、家政服务等日常生活服务,有效解决老年人在日常生活中遇到的难题。精神照料包括文化娱乐活动、心理疏导等服务,不断关注老年人精神文化方面的需求。居家照护过程中,老年人生理和心理健康是重要的照护要素,通过老年人的生活质量、生活满意以及自理能力水平可以了解整体照护效果。照护服务质量可从机构硬件设施设备与照护人员资质方面进行衡量。老年人居家照护要满足老年人基本生活需求、健康管理服务、社交娱乐需求等,根据分析得到老年人整体照护服务需求。

用1、3、5、7、9的数值度量老人在养老服务中对不同需求之间的重要度,分别为极不重要、不重要、一般、重要、非常重要,根据重要度确定需求权重。将调研结果整理成数据,根据公式进行归一化处理,公式为 $W_i = r_i / \sum_{i=1}^{n} r_i$,经计算得出用户需求权重:$W_c = (W_1, W_2, \cdots, W_i)$。用户需求及二级用户需求权重见表4-8。

表 4-8　老年人照护服务需求

一级用户需求	二级用户需求	二级用户需求权重 W
服务内容	健康管理(r_1)	0.2087
	生活照料(r_2)	0.2071
	精神照料(r_3)	0.1691

续表

一级用户需求	二级用户需求	二级用户需求权重 W
效果评价	生活质量(r_4)	0.1016
	满意度(r_5)	0.1016
	自理能力(r_6)	0.0705
智能软硬件	操作简洁(r_7)	0.1248
	界面美观(r_8)	0.0164

(2)确定设计要求与目标。通过数据可见,老年人对健康管理和生活照料服务需求较高。在确定居家养老照护需求后,接下来要明确照护服务产品的设计要求。根据产品特性,构建用户需求与产品特性之间的关系矩阵,将用户需求转化为符合设计流程的设计要求与目标,见表4-9。

表4-9 居家养老服务产品设计要求与目标

一级设计要求	二级设计要求	设计要求目标
服务内容设计	健康管理	供应准时、技术水平高
	生活照料	耐心、友好
	精神照料	专业可靠、互动娱乐性高
服务效果需求	生活质量	提高照护人员水平
	满意度	增加服务反馈与沟通
	自理能力	提升老年人自理能力
智能软硬件设计	功能操作设计	设计分区合理、层级架构浅
	界面视觉设计	视觉设计合理、反馈清晰

(3)确定用户需求与设计要求关系,确定关键设计要求。通过分析构成老年人居家养老照护服务的质量屋的功能要素矩阵,并将计算结果填写到质量屋中,其中强相关取值为5,中相关取值为3,弱相关取值为1,无相关关系取值为0。建立用户在服务内容、服务效果与智能软硬件方面的需求,老年人居家养老照护服务需求与设计要素关系矩阵如表4-10所示。通过关系矩阵重要度确定关键设计要求,见图4-32。

表4-10　用户需求与设计要素关系矩阵

| 用户需求 | | 质量特性 | | | | | | | | | | | | | |
| | | 质量要素 | | | | | | | | | | | | 重要度评价 | 目前水平 |
需求	重要度	供应准时	技术水平高	耐心友好	专业可靠	互动娱乐性高	提高照护人员水平	增强服务反馈与沟通	提升老年人自理能力	设计分区合理	层级架构浅	视觉设计合理	反馈清晰	重要度评价	目前水平
健康管理	0.2087	5	5	0	5	0	5	0	0	0	0	0	0	5	3
生活照料	0.2071	5	3	5	5	3	3	5	3	0	0	0	0	4	4
精神照料	0.1691	3	3	3	5	3	5	5	3	0	0	0	0	5	2
生活质量	0.1016	0	5	0	5	3	0	0	0	0	0	0	0	4	3
满意度	0.1016	3	3	0	5	0	3	3	0	3	0	0	0	5	3
自理能力	0.0705	0	3	0	3	0	5	0	5	0	0	0	0	3	2
功能操作设计	0.1248	0	3	0	0	3	0	0	0	5	5	3	5	4	3
界面视觉设计	0.0164	0	0	0	0	3	0	0	0	5	0	5	5	4	4

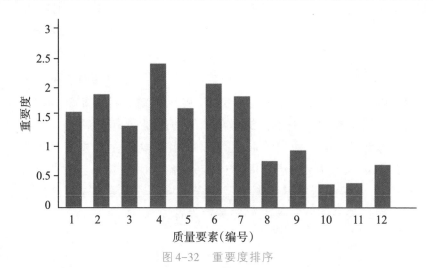

图4-32　重要度排序

4.5 本章小结

本章通过对用户需求及目标、用户行为与交互形式、认知心理学理论依据、用户画像与场景建立和体验优化创新五点深入探讨，为本章所提及的用户体验在产品交互设计中的应用提供一些新的思路。

交互设计本着"以人为本"的设计原则，重视用户需求，以用户的认知及心理体验为中心，构建用户在不同场景下的体验模型，将交互的时效性贯穿交互的过程和交互的结果。

功能树　　　　　推荐书籍

第5章
CHAPTER

交互升级：创新设计思维

用户体验是交互设计的重要目标，用户体验的创新可以反映在交互设计升级中。交互设计的升级动力来自两个方面：一是基于现有交互产品和问题的逻辑思考及理性探索；二是站在未来角度对用户需求进行价值思考的设计思维。而创新设计思维既包含了客观、理性的逻辑分析，又包含了主观、感性的探索，显然，"创新设计思维"和"设计思维"的内涵是不同的。创新设计思维能以用户为中心进行潜在的需求探索，着眼于未来体验中的挑战；凭借直觉和逻辑的创造力，以及一系列的创新方法，创造出用户渴望却未知的体验。创新设计思维的基础在于设计思维，而核心是创新。本章将对创新设计思维进行剖析，进而提供体验创新和优化的思维方式和方法。

5.1 什么是创新设计思维

美国心理生物学家斯佩里（Roger Wolcott Sperry）博士通过著名的割裂脑实验，提出了"左右脑分工理论"，证实大脑的思考是不对称的。左脑负责的是控制语言、逻辑分析、推理、计算、抽象等理性思考任务；右脑负责感性活动和任务的处理，比如情感、图形、知觉等任务（见图5-1）。我们可以简单理解为左脑具有逻辑思维模式，右脑是一种直觉思维模式。解决问题的过程同时运用了两种思维模式，逻辑思维模式以问题为中心、重点在于对问题本身的分析，以分析、寻找解决方案、逐一分析评估、选择最佳方案这样一个线性流程解决问题。右脑思维会用感性思考（比如移情思考等）关注设

图5-1　大脑思考分工

计的根源,暨"人"本身的需要。逻辑思维的尽头是推理的终点,但这个终点仍然有可能无法触及用户。

在交互设计过程中,两种思维模式对应不同的价值链或工作模式:前者会在原有产品或服务中发现问题,强调解决问题的顺序性,产生的设计创新可能是渐进式的,这也就是人们熟知的商业思维模式;后者在寻找问题时可能是跳跃性的,试图发掘人的潜在需求,因此得到的创新可能是颠覆性的,这就是设计思维。

5.1.1　传统商业思维

从设计活动创造的结果来说,设计分为从无到有的完全创新式设计,也有在原有基础和原理上进行优化的改良设计。两者的目的都是支撑用户的需求,比如交通工具的设计是为了满足用户出行时的一系列需要和渴望。功能性产品的开发在面向这些需求时,就很明确地希望带给人们更加便捷舒适的使用感受和体验,所开发的产品就是很具象的解决方案,传统商业思维模式下的设计思考几乎就是这样的模式。传统商业思维下的设计针对问题甚至是产品本身进行思考,然后采取分析问题到在多个方案中寻找最佳解决方案的设计流程。很多著名的研究方法,比如矩阵分析、鱼骨图分析、SWOT分析方法就是来自传统商业设计思维模式。

很多学者将设计思维与商业思维相对应,并且在前面冠以"传统"二字。同时,商业思维要与前面人的左脑逻辑思维进行区分,前者是逻辑思维在商业实践中总结出来的解决问题的思考模式,后者是人类思维活动的自然现象。商业思维是数据驱动、结构性、线性的思维。在工业发展时代,商业思维取得了大规模的成功,被证明是有效的。但是在面向未来时,商业思维的局限性就会显露,比如在原有产品上的小修小补容易被颠覆性创新的产品所替代,如果不能及时转变思维方式和策略就会被淘汰。摩托罗拉和柯达在商业思维实践中成为巨头,但由于缺乏设计思维,最终在信息发展时代被具有设计思维的竞争对手打垮。所以,在面向未来时,商业思维如果不能赶在环境的快速变化之前抓住用户的潜在需求,就会成为传统思维模式。

5.1.2　设计思维

设计思维的本身没有固定且统一的定义,许多研究者根据自己的理解对"设计思维"进行了不同解释。著名设计咨询公司 IDEO 将设计思维定义为"用设计者的感知和方法去满足在技术和商业策略上都可行的、能转换为顾客价值和市场机会的人类需求的规则"。①SAP大中国区商业创新团队首席架构师鲁百年教授则认为设计思维是"从最终用户的交互行为与方式出发,利用创造性思维对产品、项目、流程、商务模式等进行设计规划,采用观察、探索、头脑风暴、模型设计等方法制定目标或方向,然后寻求有效的、富有创造性的解决方案"。在不同的时代,设计思维的经典术语和形象不同。"互联网思维"就是设计思维在互联网时代的经典术语,当然,"互联网思维"只是互联网时代解决问题策略和模式的一种集合,核心内涵和理念是强调用户为中心、体验至上。一旦互联网时代过去,"互联网思维"的提法会落后,但是设计思维是经典的,因为其在每个时代都强调和致力于开启人在价值观、思维模式上的改变,以取得创新性解决问题的方案。

设计思维源自赫伯特·西蒙(Herbert A. Simon)的《人工科学》,赫伯特·西蒙在书中将设计科学与经济学、心理学、管理学等学科贯穿联系起来,启迪人们进行创造和创新。

除此之外,设计思维也广泛应用于企业的创新实践,IBM、Microsoft(微软)、Airbus(空中客车)等全球著名企业在培训员工的设计思维方面都采取了重要措施。设计思维的探索、研究和实践一直都在进行,包括对其内涵的定义和再解读、对设计思维过程的研究、养成设计思维的研究以及对设计思维方法的研究。

5.1.3　创新设计思维

创新设计思维建立在以设计思维为基础,融合商业思维的思维模式之上,其核心是关注人性和创新。创新设计思维站在用户的角度充分研究用户需求,期望站在未来的角度创造出超越用户现有需求、满足用户潜在需求的产品。在创新设计思维模式下,设计过程基于产品的现状,并充分运用现有的分析和生成工具,在重复迭代的过程中也不断评估和改正产品,保证方案的可行性和正确性。

鲁百年教授将创新设计思维定义为:"从当前现状与问题出发,致力于解决问题和探索挑战,强调美好愿景和客户最终体验,将商业思维与设计思维紧密结合,利用设计工具和方法进行创新方案和服务设计的思维模式"。①其中商业思

①李彦,刘红围,李梦蝶,等.设计思维研究综述[J].机械工程学报,2017,53(15):2-20.

维是理性的、客观的、按照逻辑推理的、追求相对稳定的、利用分析和相应规划实现的,旨在解决问题,属于左脑思维;设计思维是感性的、主观的、换位思考的、按照感情探索的、追求新奇的、利用体验和通过行动解决的,旨在探索未来,属于右脑思维,创新设计过程需要关注人性,以人文本,其组成如图5-2所示。

创新设计思维并没有抛弃传统商业思维中基于现有问题的逻辑思考方法,也并非设计思维的重复。创新设计思维是设计思维的拓展形式,同样地以用户为中心思考用户潜在的需求甚至是隐性的需求。然后再观察现状,以目标为导向研究现实存在的问题和瓶颈。

一个具有创新设计思维的团队或者设计师需要有三样特质:善于思考、关心用户、经常更新知识。善于思考的特质主要表现在勤于思考,对任何疑点都能充分发挥想象力,让思维迸发出创新的火花;

图5-2 创新设计思维的组成

对创新的想法保持宽容的态度,对别人的创新想法持积极态度。关心用户是对设计师的要求,更是对设计师创新思维过程的要求,因为创新思维的源泉来源于用户,设计对象也是用户。更新知识能让思维跟上时代步伐,否则就是"闭门造车"地进行创新思索。知识的更新反映在设计中就是产品的迭代,快速迭代能让设计师的思维保持新鲜,也让产品对于用户保持"新鲜"。

5.2 交互设计创新的要素、类型

这里的交互设计创新并非单纯的概念创新,因此需要考虑创新实现的机会和成本。如果只考虑其新颖性,但是缺乏对实际价值的探讨,就不足以为创新。实现创新的实际价值有三个重要的要素:用户需求的期望性、技术实现的可行性、创新的价值可持续性。

5.2.1　创新要素

1. 用户需求的期望性

前面章节交互设计原理和用户研究部分都对用户需求进行了研究和划分,在用户需求的四象限划分中,用户未表述却隐含存在的需求属于问题创新需求,用户已经表述但是不存在的需求属于用户创新需求,这两种需求是用户期望且可以带来创新的需求。在 Kano 模型中相对应的用户期望是期望型需求和兴奋型需求,但是期望型需求只是用户希望产品满足,产品只要通过功能的叠加就能实现,兴奋型需求在满足用户期望的同时,还带有"新"的特色,为用户创造惊喜。

2. 技术实现的可行性

技术实现可行性是指按照用户期望的需求进行设计目标的设定,在进行倒推时要利用现有的技术或技术创新实现。

3. 价值的可持续性

价值的可持续性是从商业模式而言,能够维持稳定和可持续发展的商业运行。如果创新需要的成本太大,价值完全得不到体现,或者无法大规模推广也就无法称其为创新。

5.2.2　创新类型

传统创新有四大类型:变革创新、市场创新、运营创新、产品创新(见图5-3)。

交互设计中,人们对创新最朴素的理解是交互产品的创新。但是用户体验要素包含了产品的战略、功能范围、组织结构、产品架构和表现,变革式创新能带来产品战略定位的改变,市场创新可能引发用户体验到的业务范围变

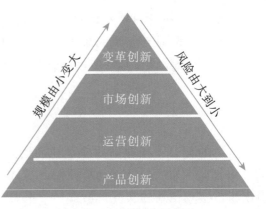

图5-3　创新的四种类型

动,运营创新也可能影响产品的功能范围和组织结构,所以交互设计与四大创新类型有着密切的关系。

1. 交互设计与变革创新

变革创新是社会整体式的创新，具有大规模、划时代意义的特点。第一次工业革命和第二次工业革命带来的生产力的革新就属于变革式的创新，计算机时代的变革式创新与交互设计创新的关系最为密切。从交互设计的发展史来看，计算机时代的变革创新第一次重要的时间点是计算机的诞生，人与计算机的交互诞生，才有了二进制代码交互、命令行等人机交互方式；第二个重要的革新是互联网，全球信息和资源的交流才变得更为迅速，计算机实现网络互联才有了 Web 页面等新的信息交互载体。我们正在经历的第四次工业革命诞生了超级互联网和物联网（Internet of Things），物理信息融合系统将再一次促进人们生活方式、经济生产形式等的变革，所以这也是一次重要的变革创新。交互场景不是仅限于传统的人与计算机、人与移动手机，而是拓展至人与周围所有联网的物体。因此，变革创新是交互设计创新的前提，为交互设计的创新提供了基础。而从交互设计微观领域来看，能起到划时代意义的交互设计理念或交互形式、交互设计本身，对用户体验有着重大影响的创新就是交互设计的变革创新。

2. 交互设计与市场创新

产品转化为商品的过程离不开市场，市场的创新能促使创新产品尽快、有效的商品化，是产品创新的促进要素和发展动力。企业在提供服务和产品的过程中，客户需求发生变化、流通渠道和市场拓展目标不匹配、销售手段落后都能引发市场创新[①]。例如现在的智慧零售创新模式（见图5-4）就是

图5-4 智慧零售的创新模式

①田富俊，李兆友.论企业市场创新域选择及其风险规避[J].科学学与科学技术管理，2007（12）：86-72.

市场的一种创新,传统的线上市场增长困难,商家获客成本高昂。利用传统线下商店的零售体验模式构建顾客与线上销售的管理链接(O2O)成了新的市场形势。用户购物的交互场景从与购物软件交互转移到与门店中的销售大屏、互动游戏交互。市场创新促进了交互体验创新。

3. 交互设计与运营创新

运营创新主要是企业服务流程、规范等的创新。运营创新对于企业而言是一种主动式的变革。网络互联技术和智能技术在运营中的创新为交互设计创造了用武之地。以前春运出行时人们只能通过窗口买票,且因为二代身份证未普及无法使用身份验证,排队的痛苦和"黄牛"的垄断造成了诸多问题。实名制买票和验证就是运营的一种创新。为了避免买票和取票的大规模排队,铁路出行再一次进行了运营的创新:实现互联网购票和刷身份证进站。如今,运营有望进一步创新,用户只需要网上购票,现场"刷脸"就能进站,省去了取票、验票的环节①。运营的创新最明显的特征是新技术的运用,很多时候运营创新是产品创新的运用结果,为产品创新提供了"用武之地"。

4. 交互设计与产品创新

交互设计产品创新是针对产品本身的技术研发活动,产品创新可能源自技术或原理的创新,可能源自用户需求的创新。如传统商业思维和设计思维对产品的设计过程所言,交互设计产品的创新可能是在现有产品基础上的"改良创新"、可能是颠覆性的、全新的创新。交互设计创新也是本章着重讨论的话题,将运用创新设计思维知识。2007年,Apple公司推出的iPhone 3G手机(见图5-5)只保留一个物理按键而采用虚拟按键交互的形式开创了新的交互形式,其出色的工业设计和对材质的运用也让手机外观不同以往,在千篇一律的手机交互形式中脱颖而出,成为伟大的产品创新。

图 5-5   iPhone 3G 与同时代其他手机的对比

---

① 曾志恒,田沐冉.从大数据看春运:中国速度助力春节回家路[N].中国青年报,2019-02-02.

5.3　创新设计思维步骤

创新设计思维步骤是从设计思维步骤的研究中得来的。IDEO将设计思维流程定义为以下五个步骤:发现、解释、构思、实验、进化。[1-2]发现阶段是确定挑战、理解挑战,并为解决问题收集信息、获得灵感;解释阶段是观察者将观察到的现象转化和叙述为有意义的理解、洞察信息;构思阶段创造者需要产生很多想法,在这个阶段是大量无限制的想象;实验阶段是构建可行的想法实践,对上一阶段的想法进行实验,生成想法的原型使其变得可行;进化是对一个概念和想法的进一步发展。

斯坦福大学D. School将设计思维分为了五个阶段,并建立了设计思维过程模型[3],该模型包含同理心、定义、概念生成、原型化、测试5个步骤。同理心是指研究者站在用户的角度了解他们在生活中的行为和认知,通过与用户的交流了解他们的需要;定义阶段是将同理心阶段收集的用户需要转换成更深层次的用户需求,以及对这些需求的理解;概念生成阶段不设边际地进行创造性思考和想象,探索出更广阔的解决问题的空间;原型化阶段则是有选择地对概念进行表达,原型化过程要尽可能快速,并伴随一定的评估,以及时修改发现的问题;测试阶段的目的是在原型设计的基础上选择可行方案,并进行反复迭代,目的是得到更好的方案。之后的研究中,有学者对这个过程进行了补充和改进,补充研究在"同理心"之前加入了"自学",即对相关领域的背景知识和创新设计知识的了解,还有学者将"同理心"和

① IDEO,Riverdale. Design thinking for educators toolkit[EB/OL].[2016-9-16]. http://www. design thinking for educators. com.

② Brownt. Design thinking for educators[M]. New York:IDEO Corporation,2011.

③ Plattenr H. Boot camp bootleg[M]. San Francisco,CA:Institute of Design at Stanford,2010.

"定义"合并为研究阶段,也有学者将同理分解为观察和理解两个子阶段。[1][2][3]

通过对比,创新设计思维可以概括为以下阶段:

定义问题、研究问题、激发创新想法并进行筛选、快速原型并迭代。

5.3.1 定义问题

问题指的是我们最终想要得到什么,是系统的解决方案还是一个产品的设计。创新设计思维并非漫无边际的遐想,而是在有限问题范围内进行最大化的创新,是设计问题中的"刀尖上的舞蹈"。定义问题力求准确,否则后续工作只能流于无用功。

在交互设计中,定义问题时不能定义得很局限,比如"设计一个好看的导航按钮",也不能定义得很宽泛,比如"让产品变得更好用"。"让用户体验到一种快捷的搜索方式"就是一种问题的定义。定义问题之前需要研究者对问题的背景进行大量的资料研究,在"让用户体验到一种快捷的搜索方式"案例中,研究者需要掌握用户的一些基本信息、用户使用搜索功能的习惯、这个产品本身的信息等。这个时候可能需要对用户进行访谈和问卷调查等,了解他们的问题所在,然后才得到了这么一个问题。

5.3.2 研究问题

问题相关信息的探索,包含了从相对宏观角度以及每个维度的观察和了解,还包含了用户使用产品过程中每个细节的体验感受。因为共同解决问题的人可能来自不同的学科背景,所以协作研究问题的人员在这一步首先应该达成知识和信息的透明和共享。通过亲身的体验、调研、研究、观察、问卷等方法,参与创新人员可以获得更多的一手信息。根据问题的大小,所研究的面是从相对宏观到微观,可以是企业的整体战略,也有可能是

① Lugmayr A, Stockleben B, Zou Y, et al. Applying "design thinking" in the context of mediaman-agement education[J]. Multimedia Tools and Applications, 2014, 71(1): 119-157.

② Araujo R, Anjos E, Silva D R. Trends in the use of design thinking for embedded systems. //15th International Conference on Computational Science andIts Applications (ICCSA), March 18-20, 2015 Banff, Alberta, Canada. New York: IEEE, 2015: 82-86.

③ Ratcliffe J. Steps in a design thinking process[M]. San Francisco, CA: K12 Lab, Stanford University DesignSchool, 2009.

用户界面的一个小的细节。达到企业的整体战略，我们可以研究企业与其利益相关者的关系，方法有五力分析法、SET法、商业模式分析等。如果只是企业内部的运营问题，我们可以通过企业活动策划分析、运营流程分析，方法包括5W2H和SWOT等方法。如果是针对用户使用细节，可以使用用户体验故事的办法、观察、访谈等，也就是我们交互设计中用户研究使用的办法。

5.3.3　激发创新想法并进行筛选

　　激发创新的想法是创新设计活动中核心的阶段，创新想法的多少取决于源源不断的发散想象，而创新想法的质量则是在逻辑思维的指引之下对想法进行提升完成的。激发创新想法需要创新者锻炼自己的创新思维方式，同时也要借助一些逻辑工具完成筛选和质量提高。创新思维不是一种单一的思维形式，更像是两种思维的矛盾集合体。我们可以通过艺术思维的方式对事物进行丰富的想象，赋予其听觉、视觉等方面的艺术特征，而这些特征的表象离不开科学思维的逻辑分析和长期的经验积累。出色的画家不仅有超凡脱俗的艺术想法，还有科学的绘画技巧和表现手段。创新思维也是理性思维和感性思维的矛盾结合体，感性思维负责创意的构想和草图产生，而理性的思维为感性的创造加以原则的分析，从而得到最终的定稿。我们这里着重强调创新设计思维过程中发散与收敛的矛盾统一。因为激发创新的想法需要对某个原有想象进行辐射式的思考，尽可能创造更多的想法，而且这些想法能够突破原有的思考格局，在知识的重组和交叉中诞生新的解决方案。当然，漫无边际的发散对最终的问题解决并非有益，需要收敛思维，即对发散的想法进行批判和筛选、拆解和重组，是一种去糟粕、集大成的思维方式。

　　在进行思维发散时，我们经常使用头脑风暴的办法，纳入尽可能多的人的想法。这些想法可能是天马行空，可能是脚踏实地，可能跑题，可能是中规中矩，但是想法并没有好坏之分。为了尽可能地促进创新者发散思考，这里提供一些创新思维的路径。比如类比思维、联想和想象思维、列举思维、组合思维、仿生思维、逆反和换位思维、系统思维等。

　　思维收敛需要借助一些逻辑工具，比如利益相关者的评估、可行性检测、极坐标分析或聚类优化。

5.3.4　快速原型并迭代

以上创新设计活动所产生的解决方案可能只是只言片语的想法,或者是描绘的草图,它们的功能局限于创新设计小组成员之间的讨论,甚至在成员之间也存在理解上的误区。创新想法的直观表达就需要快速的原型制作,让整个创新设计活动的利益相关者通过原型更好地理解产品。交互设计创新中最容易使用的原型制作工具包括了原型草图、纸质原型、计算机制作的原型、物理模型,甚至可以通过讲故事、做表演的方式表达解决方案。

迭代是快速设计的精髓,创新设计过程中对原型的快速迭代是在原型阶段对逻辑思维的延续。

5.4　创新设计方法与工具

用户体验的改善和创新一直都是有迹可循的,都可以利用用户体验要素的知识进行解释。交互设计作为用户体验的一种要素,它的创新对用户体验的提升有不可忽视的作用。在生活中我们都有这样的感受:当一个产品的体验很糟糕时,你可能很容易说出它的不好,可能是相应速度太慢,可能是按钮一直点不了;当一个产品让用户很舒心时,你很难说出它到底哪里好,但是仔细探索,产品与用户交互的设计和糟糕的产品产生了明显的对比。所以,用户对好交互的需求就像Kano模型中的"基本型需求",是体验创新必须把握的基本点。

通过对一系列体验良好的产品进行案例搜索和剖析,我们发现这些产品中的交互设计创新也是有迹可循的,为交互设计的创新提供了一系列的方法。

5.4.1　交互设计创新法

1. 预测用户行为

好的产品交互与用户之间仿佛有某种默契,能做到"提笔砚来,杯落酒满",这就是产品对用户行为的预测。对用户的预测是从前置行为开始的,因为用户的行为不会局限在一个产品内,在某个产品中的行为可能携带了上一个产品的操作信息,所以交互设计中用户的预测需要准确地获取用户的前置操作。

依据用户的前置操作进行预测，可能得到用户接下来可能的操作，所以预测用户行为的第二步是尽量简化接下来的操作，简化可用的方法包括了删除、组织、隐藏、转移。[①]

如图 5-6 所示，用户在使用手机拍照之后的一段时间内，如果使用微信的"加号"功能会自动显示刚刚拍过的照片，并加以"你可能要发送的照片"的提示。

用户在使用微信聊天时，语音、表情、拍摄、视频通话是最常用的交流内容，其中语音和表情是可以通过用户使用数据预测到的高频事件，所以提供了快捷入口。照片、拍摄和视频使用频率相对较低，但是仍然相比其他形式的输入更多，所以放在了"加号"的前面位置。在表情输入中，通过对聊天表情使用频次的记录，预测高频（大概率）使用的表情在下一次还会继续使用。如图 5-7 所示。

图 5-6　微信对用户操作的预测

但是简化操作是有一定风险的，因为用户的行为也是一种概率事件，好消息是这种概率是可以预测的。所以预测了用户前置行为的众多后续行为后，还需要对这些行为进行概率预测，而不是很暴力地呈献给用户一个"理想"的单一结果。在预期的操作中进行权衡时，可以为用户提供概率最高的操作，隐藏其他操作，这样即使出现错误也不会产生极高的纠错代价。

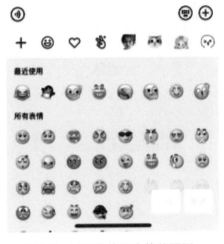

图 5-7　对用户使用表情的预测

①Giles Colborne.简约之上——交互式设计四策略[M].李松峰，秦绪文，译.北京：人民邮电出版社，2011.

2. 同理心思考

所谓同理心思考,就是站在用户的角度设身处地思考。"设身处地"包含了思考用户的周遭情境,情境包含了时间和空间两个维度。此外,用户自身属性也是重要的体验要素,包括了用户的使用习惯、行为逻辑。用户被包裹在这样一个交互系统之中,除了情境、用户之外还有技术因素①,产品与用户的交互中技术因素主要集中在交互界面上。以上几个要素构成了同理心思考的范围。

同理心思考下的第一种设计方法是场景化设计,站在用户所处的场景进行设计,场景的影响要素就包含了用户所在的物理位置、时间环境、文化、用户人群特征等因素。在高德地图中,"组队"的功能就是考虑到多人用户汇合时能实时查看位置,防止走偏,如图5-8所示。这就是在特定的使用场景中,地图应用考虑到了这种场景下用户的需要。在特定的时间环境下的同理心案例有我们熟知的"夜间模式"等设计。

图5-8　地图应用中的"组队"功能

---

①大卫·贝尼昂.交互式系统设计——HCI、UX和交互设计指南[M].孙正兴,等,译.北京:机械工业出版社,2016.

3. 给予适当的帮助

交互设计中,有些信息是用户不能接触到或者不知道的,在恰当的时候向用户展示合适的信息既不显得聒噪又能解决用户的困难。同样,预测用户需要帮助后为用户提供的帮助也要适可而止,过多的帮助会让用户无所适从。给予适当的帮助,顺应用户的心情和顺势而为是关键,让交互过程充满人情味是手段,取悦用户是锦上添花。适当帮助的关键在于时机适当、帮助的方式适当、帮助的内容适当。比如,在搜索引擎中输入某个与心理问题相关的词汇,该搜索引擎会第一时间反馈给用户咨询心理医生的联系方式,并用一段温馨的话语感化搜索的人,让其放弃当前错误的念头,如图5-9所示。在这个案例中,给予的帮助是适时的,利用温馨的话语属于帮助的内容适当,提供免费心理危机咨询热线服务则是属于帮助的方式适当。

图5-9 在适当的时机给予适当的帮助

4. 制造惊喜

制造惊喜让用户在使用产品时能体验到比预期更多的需求,这也是"魅力型需求"。这种需求好似锦上添花,建立在基本需求很好解决的基础上。如果连基本的需求都没解决,哪怕再有趣、再客气的交互也是"花瓶",所以解决问题是惊喜的前提。惊喜的设计从结果来看可以展示产品的价值观和情怀、增加用户的认同和喜爱。制造惊喜的创新手法有:设置彩蛋、细节打趣、搞笑幽默、讲情怀故事等。在电影中,彩蛋总是隐藏在细微之处且是不容易被发现的趣味情节,交互设计体验中的彩蛋则是出现在不寻常的使用场景和过渡中。电影彩蛋容易被一闪而过的镜头忽略,但是交互设计彩蛋要引起人们的注意,否则这样的设计就丧失了功能。交互设计彩蛋被注意之后引起强烈反响和广泛传播,这就是制造惊喜的创新设计带来的传播价值。Google Doodle小组在不同的日子都会推出烘托氛围或者具有纪念意义的插画设计,这种插画主要呈现在搜索界面的图标设计中,区别于平常的设计。Doodle为平淡的搜索行为带来了乐趣，并且某些Doodle还带有交互功能，具有很好的娱乐性。Doodle几乎能每天不重样，每天都为用户带来惊喜，这让那些爱好探索的用户欲罢不能（见图5-10）。此外，设计中带有幽默的调侃或者透露公司的情怀容易引起用户的共鸣，从而引起用户的惊喜反应。比如，当你拉到页面底端时发现一行"我也是有底线的！"的小字时得到了页面结束的信息，同时这种提醒也很轻松活泼。

a.纪念万维网诞生Doodle　　　　b.宣传谷歌诞生19年Doodle

c.纪念雨衣发明者Doodle　　　　d.圣帕特里克节活动Doodle

图5-10　Google Doodle的彩蛋

5.4.2　创新实现工具

创新设计思维过程中的激发创新想法和收敛思维都有一些可视化的工具帮助研究者实现整个过程，这些工具实现了创新思维从抽象到具象。我们常用的创新实现工具有头脑风暴工具、思维导图、设问和分析工具等。

1. 头脑风暴工具

头脑风暴（Brain Storming）法是美国创造学家A.F.奥斯本提出的一种激发群体智慧的办法，头脑风暴法分为直接的头脑风暴和反面的头脑风暴。直接的头脑风暴由专家提出一个解决问题的设想，参与者在此基础上尽可能激发可行的创造性办法；反面的头脑风暴又视为质疑头脑风暴，先由专家或创新者进行群体决策设想，然后由众多参与者逐个质疑，最后保留可行的办法。

头脑风暴的基本流程包括：确定议题、会前的准备、挑选参与者、宣布纪律、头脑风暴、结束和总结。

　　确定议题与创新设计思维步骤中的定义问题类似，但是头脑风暴的问题会更加具体。如果想要在有限的时间内针对一个问题得到更多的想法，就要适当地缩小议题的范围。会前准备主要是场地的准备和一些工具的准备，比如白板、便利贴、马克笔、大白纸、签字笔和场地的布置，同时确定主持人和记录员。参与者最好确定在 8～12 人，来自不同学科背景最宜，然后让大家围坐在一起。根据帕内斯的理论，头脑风暴最好保持在 30～45 分钟，制定时间时需要给参与者足够的预热和发散时间，也要及时控制结束。头脑风暴过程中，参与者需要将想法写在卡片上并进行分类，记录员的任务是场外记录时间和过程行为。最后是总结，总结阶段是对想法的收敛和确定，最后主持人对整个活动进行总结和评价（见图 5-11）。

　　（1）工具一：创新想法分类。头脑风暴中产生的想法杂乱无章且有冗余，将想法进行分类可以简化想法，将可以利用的想法进行组织化和逻辑化。创新想法（见图 5-12）的分类不只适用于头脑风暴，在对用户的体验进行实地调研之后，调研团队可以利用想法分类将调研素材按照一定的主题进行分组。如果头脑风暴中产生的想法具有线性关系（比如时间的先后和逻辑上的因果关系），那么最好将想法按照线性排列。

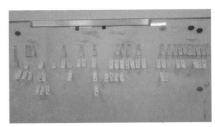

图 5-11　头脑风暴会议现场　　　　图 5-12　头脑风暴中的想法分类

　　（2）工具二：投票。投票是在做筛选或者确定优先级时运用的一种方法，在工具一分类的基础上，创新小组人员对想法进行投票并标记。科学的投票法应该事先确定相应的评判标准，避免完全陷入参与者的主观意愿之中。投票法对应的评判标准是逻辑分析中的矩阵分析，SWOT 矩阵分析就是其中的一种。

　　（3）工具三：想法接龙。接龙游戏是一种想法启发游戏，当第一个参与者写出自己的想法后由更多的人紧接着该想法进行进一步的创新。通过一系列的启发接龙游戏，得到的启发创新可能是在前面的想法上进行总结，有的进行变异,有的进行组合。但是值得注意的是,想法接龙要防止后续参与人员的思维懒惰。

(4)工具四:挑战提问。挑战提问属于反向头脑风暴的典型工具,这种反向头脑风暴属于颠覆式的创新,打破原有的思路和观察视角。反向头脑风暴有利于列举出解决问题要遇到障碍的可能,如果是要达成目标,参与者就要思考怎么做能让目标失败。

2. 思维导图工具

思维导图(Mind Map)又被称作是心智图或者概念地图,是由英国著名作家托尼·巴赞(Tong Buzan)发明的一种创新思维图解表达方法。思维导图借用图形的形式,将发散思维的整个过程记录下来,协助思考者进行创新的思考,同时能提醒和平衡思考者在某个方向上的时间,从而帮助平衡创造性思维中的发散和收敛。从形式来看,思维导图是发散状的,记录每一个在思考者脑海中闪过的想法,这些想法可能与问题本身无关,但是能带来思维的启发。

在进行思维发散、绘制思维导图时,思考者需要一支笔和一张稍大的白纸,刚开始在白纸中间起草一个主题,然后运用激发创新想法中的多种思维方式,生成不同的思考方向。接着,思考者要在每个思考方向继续思索,将想到的信息通过问题和图片的形式表达出来。思维导图在进行纸面的思维导图绘制过程中尤其要注重一些规则,避免过于混乱而失效。托尼·巴赞在《思维导图:放射性思维》一书中给出了以下几点建议:突出重点、使用联想、保持清晰[1]。导图绘制的过程中以放射状对主题进行发散,过程中如果有较为重要的点子可以使用变化的字体、颜色等将其突出;在不用的思维发散方向上,思考者有必要使用连接线将某些关联的想法连接并做好标记和注释;为了保持清晰明了,思考者最好对想法加以区分,在形式上做好区分。当然,这些问题在思维导图软件的帮助下都能迎刃而解,这里推荐常用的思维导图软件是XMind。

XMind是一款可开源且免费的思维导图绘制软件(见图5-13),可用于绘制发散的思维导图、逻辑推导图、组织架构图等。在使用该软件时,建议使用一些图标快速标注想法中的重点,使用连接线连接有关联的想法,有必要时可以对关键词进行文字注解、语音的注释。最后,XMind生成的思维导图可以以

---

①Tony Buzan.思维导图:放射性思维[M].李斯,译.北京:作家出版社,1998.

图片形式分享给更多的人,激发其他人的二次创意。除此之外,Mind Manager、Mind Mapper、Visio等软件都可以用来绘制思维导图。

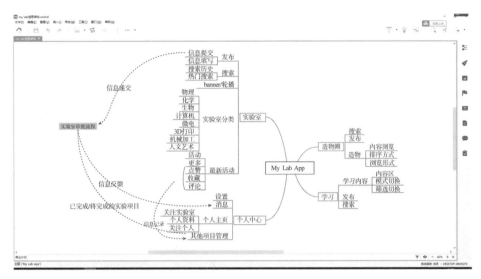

图 5-13 XMind 绘制界面

3.设问和分析工具

设问和分析是研究问题过程中常用的方法,设问打开了问题分析的路径,找到问题的根源所在,分析是击破各个问题,找到解决问题的方案。设问法在一问一答中灵活地激发想法,并且从所问的内容中一步步引导出更多的角度和思路。"5W2H"、头脑风暴法都是设问法,当然,问卷调查法、访谈法也是广泛意义上设问求解的办法。问题的分析办法多种多样,是逻辑思维、理性科学集大成的表现,SWOT分析、商业画布等方法都是理性的分析工具,此外还有五力分析、移情地图等分析法。本书其他章节所介绍的比如用户模型、用户体验故事、用户旅程图等工具都属于创新方法中会用到的工具,这里介绍综合战略分析工具——5W2H、五力分析模型以及同理心思考量化工具(移情地图)。

(1)工具一:5W2H。5个W指的是何人(who)、何时(when)、何地(where)、何因(why)、何事(what),2个H指的是如何(how)、几何(how much)。这7个因素的连贯性语义问法就是"什么人什么时候什么地点因为什么如何地做了什么样的什么事?"举个例子,如果我们设计一款儿童教育类的软件交互界面,在交互设计创新的讨论中,我们可能会问:"什么人使用这个界面?是小孩?还是小孩家长?""在开启软件之后立刻使用?还是结束使用之后会遇到这个界面？""这个界面是在哪个分类下？""为什么要用这个界面？可不可以不用？""用这个界面做什么事？""在这个界面里面需要做哪些操作？""这些操作是简单还是复杂？"

（2）工具二：五力分析法。五力分析法是迈克尔·波特（Michael Porter）在20世纪80年代提出的分析模型（见图5-14），该分析模型是针对战略层的竞争分析，主要用于分析产品的竞争环境和因素。"五力"分别指供应商的讨价还价能力、客户的议价能力、竞争者进入市场的能力、替代品的替代能力、行业内现存竞争者的能力。在交互设计创新过程中，我们可以对经典的五

图5-14　波特五力分析模型案例

力分析模型进行拓展。供应商对应关联产品，交互设计中关联产品的压力来自：其他产品有哪些可能不为该产品提供服务？比如在快捷登录选项中，使用的三方快捷登录软件有哪些可能拒绝验证登录。客户的议价能力在交互设计中对应用户拒绝使用该操作的理由，比如用户拒绝登录、拒绝绑定手机号码。替代品的替代能力就要问其他产品是否有相同的功能替代，与现存竞争者分析不同，替代品属于其他不同类产品的相同功能。潜在竞争者分析就要问产品可能在未来被哪些形式的产品所打败或替换。

（3）工具三：移情地图。交互设计创新方法中的同理心思考为我们提供了一种理解用户的办法，即站在用户的角度思考问题。其中一个重要的因素是用户自身特征，这是最难模拟思考的部分。但是用户的情感、行为逻辑这些与自己的经历有很大关系，所以移情地图工具从用户的经历出发，反应和推测用户可能的行为逻辑。移情地图包含了用户做过的、想过的、听到的、看到的、说过的、感觉到的、担心的7个象限，这个过程需要多人参与，尤其需要目标用户的参与。如图5-15所示。

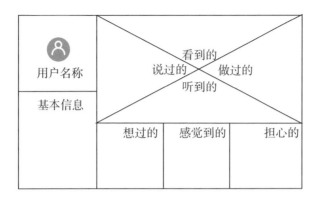

图 5-15　用户移情地图

5.5　本章小结

本章延续了前序章节对体验创新优化的讨论，通过交互设计的优化创新提升用户体验。创新设计思维是交互设计创新的源泉，本章分析了创新设计思维与传统商业思维和设计思维的异同，得到创新设计思维以创新、关注人性为核心，兼容客观思考、逻辑推理等传统商业思维方式和移情思考、大胆探索等设计思维方式的本质。

创新可以分为四种类型，大到变革式创新，小到产品创新，每种类型的创新与交互设计或交互设计发展有着相对应的关系，也有相对应的风险。设计创新是交互设计团队创造活动的目标，引发社会的变革需要颠覆性的创新，这不仅需要野心，还有多种促进因素，而只是产品创新就需要有创新的三个要素，运用创新设计思维就可以做到。

本章还介绍了创新设计思维的过程和步骤，以及创新设计方法和工具。交互设计的创新远不止预测用户行为等四种方法，但是每一种方法几乎都依赖于用户对体验的需求和评价。创新设计活动中除了开放的思考风暴过程，还需要理性的工具进行归纳，本章最后部分就是对工具的使用总结。

功能树

推荐书籍

第6章

从概念到完整信息架构设计

如果说创新设计思维为交互设计点燃了创意的烛光,那么信息架构就好比灯芯。从创新思维概念到设计,信息架构支撑了整个交互设计进程。当一个全新的交互产品呈现在用户的眼前,信息爆炸般地涌入用户的思维。信息过载和信息的访问方式多样化,"清晰"和"简单"便淹没在信息的海洋中,用户也看不到设计师创新的努力。因为信息架构的存在,交互设计创新找到与用户对话的逻辑,分条缕析地展示在用户面前。

6.1　信息架构概要

6.1.1　广义信息架构与狭义信息架构

美国著名建筑设计师理查德·索尔·沃尔曼(Richard Saul Wurman)于1976年在著作中首次提到信息架构(IA,Information Architecture)的概念,后来由路易斯·罗森菲尔德(Louis Rosenfeld)与彼得·莫尔维莱(Peter Morville)两位图书馆学者将其发扬光大。信息架构是共享信息环境的结构化设计,是企业网站的组织系统、标签系统、搜索系统以及导航系统的组合,是一门组织和标记网站、在线社区、软件等虚拟产品的艺术和科学,提高产品可用性和可寻性[①]。在 *Design Matter* 杂志中,沃尔曼将其定义为:"IA是通过编辑技术和设计可视化、可理解化数据。"

广义地理解IA,"其对象应该包括信息活动中设计的各个要素,除信息本身之外还包括人员、技术和机构等,面向的是组织机构,包括组织中的信息、利用信息可以实现的服务以及与利用信息相关的组织建设,包括技术层

---

① Louis Rosenfeld,Peter Morvile,Jorge Arango. 信息架构:超越 Web 设计[M].樊旺斌,师蓉,译.第4版.北京:工业设计出版社,2016.

面的基础设施建设和管理层面的组织机构建设"[①]。广义的信息架构面向整个项目用户体验的设计,使整个项目信息更容易理解,因此包含了用户调研和分析、项目战略布局、概念方针等整体的工作。

　　IA的狭义解释就局限在信息系统内部,指组织、标引、导航和检索信息体系设计的总和,为帮助用户访问信息内容并完成任务而进行的信息空间结构设计,帮助用户查找、管理信息而对网站进行构造。信息架构是一门将建筑设计原理引入数字领域的新兴学科和行业[②]。

　　信息架构由"信息"和"架构"两个概念组成,不仅是组织结构的设计,还是对信息的传达。IA实施的宗旨是:力求清晰化、可理解化信息;保证有用性、可用性信息;提供良好的用户体验。信息架构通常应用于包括调研、分析、设计、执行、检验评价和可能的迭代等的项目过程中[③]。如图6-1所示是微信商城的信息架构,通过信息架构图我们能清晰地理解不同的信息组合方式、体系结构以及每种信息的流向,同时还能看到每个元素之间的关系。

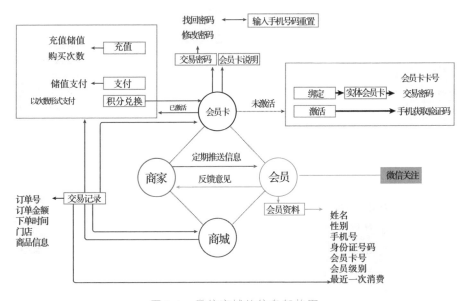

图6-1　微信商城的信息架构图

①王晓蓉.企业网站信息构建(IA)的可用性研究[D].南京:南京理工大学,2004.

②王晓蓉.企业网站信息构建(IA)的可用性研究[D].南京:南京理工大学,2004.

③齐燕,赵新力,朱礼军.关于网站信息构建及其评价的现状及探讨[J].情报理论与实践,
　2007,3(2):93.

6.1.2 优秀的信息架构

信息架构技术优势能为企业的发展布局提供有力支撑。设计决定了产品的优劣。信息架构则主要是信息的组织结构和导航,决定用户到哪里去,得到什么。

从日常的 App 使用中可以发现,优秀的信息架构设计基本具备七个特点:首先是平衡商业目标与用户目标,案例中的 Web 设计(见图 6-2)在进行信息架构设计时,既要保证用户快速发现热点信息,同时不突兀地提供商业推广的入口。相比之下,这种做法就比满屏幕都是悬浮广告的案例好得多。

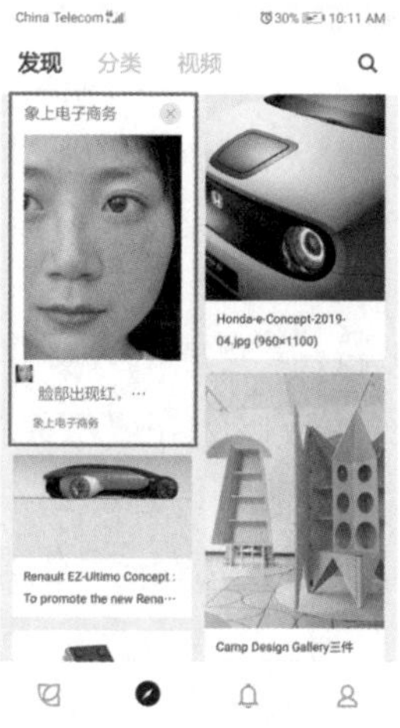

第二个特点是兼顾深度与宽度,例如在购物网站的购物选择导航设计时(见图 6-3),优秀的信息架构将众多的商品进行合理地分类,在有限的屏幕内展示尽可能全面的商品,同时次级导航提供进一步寻找目标商品的途径。不仅如此,"猜你喜欢"和搜索为用户提供了快速、轻松且智能化地找到想要信息的可能,这是优秀信息架构的第三个特点。同时,第四个特点则是为用户提供多种查找方式。

图 6-2　花瓣 App
发现页面

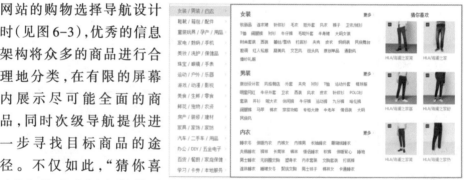

图 6-3　淘宝网页端

优秀信息架构的第五个特点是能够延续产品的基本概念,在整个使用过程中反复强调产品的主要功能及定位,这一点在工具类产品中使用广泛,如图 6-4 所示的图片编辑 App 始终强调其图片处理的工具属性和概念,因此在每个页面都有快捷的方式调出工具菜单。第六个特点则是代表内容,如图 6-5 所示的凤凰网 Web 端导航栏的信息架构,我们从这些分类中能很清晰地知道网站的作用——分类资讯、新闻,这种设计就很明显代表了网站的内容,也清晰地表明产品所涉及的内容面,帮助用户更快地理解产品,也常用于服务类官网。第七个特点是根据需求显示相关内容,在不需要时隐藏多余信息,比如手机App中常见的抽屉式菜单,避免造成混乱和信息冗余。

这七个特点是优秀信息架构设计的标准。反过来说,优秀的产品、用户体验的实现必然少不了具有上述七大优点的信息架构。

图6-4 图片编辑App

图6-5 凤凰网资讯网页端导航栏

6.1.3 信息架构要素和内容

再优秀的信息架构,最终目的是让用户能快速、清晰地找到想要的信息,信息架构的第一要素,就是信息的接收者——用户。信息架构是组织信息以一定的形式呈现给用户,用户需要的目的信息内容以视频、文字或者音频等形式呈现,这是信息架构的第二要素——呈现给用户的内容。在实现对用户呈现的过程中,必须考虑整个项目的网络环境、商业环境、技术、资源等,例如是在iOS平台还是Android平台上使用,这些则是信息架构的第三要素——情境。

信息架构的内容包含了两个关键点。第一个关键点是对产品的内容和功能进行定义,第二个是定义产品内容与功能之间隐藏的逻辑关系,并以客观的结构和术语表达。一般而言,我们都会用信息架构图的形式来表现一个产品的信息组织形式。首先是对内容和功能的定义,好的信息架构设计能清晰、准确地表达产品的功能和要呈现给用户的内容。我们来看看如图

6-6所示的 App 导航栏的信息架构设计是否清晰地定义了内容和功能。通过"通讯录"大家能发现"微信"是聊天、社交类应用。"购物车"和"微淘"的导航清晰地说明这是一个与购物、消费相关的 App。而"进货单"则很明显与批发商品相关。通过这些导航栏的分析我们可以认识到信息架构的设计清晰地反映了产品的功能属性和定位。

图 6-6　App 导航栏

　　第二个内容则是定义产品内容与功能之间隐藏的逻辑关系。例如新浪微博 App 的产品定位是"随时随地,发现新鲜事",那其主要提供的服务就是发现新鲜事,"随时随地"则是凸显便捷、快速的目标追求。微博 App 主页面见图 6-7,底部导航栏左侧分别为"首页""视频""发现",便于用户浏览实时

图 6-7　微博 App 历史版本的首页及发现页面

新闻与新鲜事。顶部下拉式导航则包括关注内容与热门内容,以及右上角的内容发布,界面内容区为实时更新的"新鲜事"。

6.1.4 三要素与交互设计问题

信息架构的三个重要前提因素是情境、内容和用户。实现"用户体验"与目标用户的特性、交互产品的性能、环境因素有着很大关系(见图6-8)。交互设计的用户特性也决定了信息架构的用户特性,产品的性能则包含了内容,而环境的因素则是情境的一部分内容。因此信息架构与用户体验有着千丝万缕的关系。

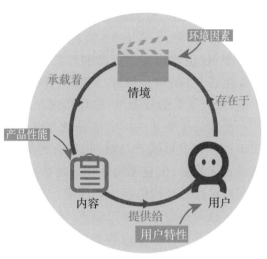

图6-8 信息架构三要素

信息架构通过优化处理网站的组织系统、标签系统、导航系统、搜索系统来合理组织产品需要承载的信息,让人们通过浏览、搜索、提问等方式快速找到自己的需求信息。现今大部分的内容型网站、社区、电子商务网站等都需要重视信息架构的概念。

信息架构情境要素建立的前期阶段关注的是用户要达到怎样的目的。例如,某用户想要每周六去羽毛球馆练习(见图6-9)。这只是最后发生的事件,事件发生前的用户为什么要去打羽毛球?或许是为了锻炼身体。为什么锻炼身体不去

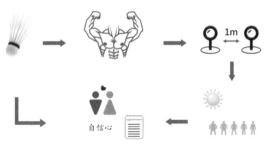

图6-9 信息挖掘流程的案例

打篮球而是打羽毛球?或许是因为羽毛球馆离家近。为什么用户要锻炼?或许是为了有更苗条的身形。为什么要更苗条的身形?或许是因为让自己形象更好。顺着这样的思路一层层去挖掘,可能用户最核心的目的是因为人际关系原因,想要通过打羽毛球实现。信息架构情境要素的建立就是顺

着这种逻辑去挖掘用户做某件事背后的真正意图,最后产出的信息架构图才能符合用户意愿。

在建立情境要素的中期阶段信息架构要考虑一些商业限制和因素,其中最需要考虑的是资源和成本。在前面以用户为中心的设计方法中,我们讲过要倾听用户,但倾听不是听从。某个功能可能95%的用户不需要,只有5%的用户需要,如需100%满足用户的需求,那么很可能就要为产品增加这个功能,这也就增加了产品的开发成本。在构建信息架构之前要明确是为95%还是5%的用户设计,同时把资源和成本纳入考虑,能简化实现功能的步骤,减轻信息的复杂度,这样实现起来消耗更少的资源和成本。

构建情境要素的第三阶段就要关注用户的使用感受,情绪体验的价值在于用户自发地被产品吸引,拥有想要再次体验的精神享受。这与用户的体验直接相关,信息架构在构建时会进行架构的测试和评估,这能直接反映出用户对这种架构的态度和反应。

信息架构构建的第二要素,则是内容。内容又具有类型、对象、数量、现存架构等方面特征。内容类型指确定以什么样的形式将信息传达给内容的接收对象,广义上讲是使用文档、应用、程序还是服务模式来传达信息?那么内容对象是指内容本身,或者说内容媒体,是某种格式存在的信息文件。例如在一些商品的售卖官网(见图6-10),除了有一些简化的图片、视频展示来说明产品的信息,还必须提供必要的文字说明。

我们所看到的内容好比冰山一角,内容的隐含属性隐藏在海面之下。这些隐藏信息有:所有权(内容是谁创建的?)、格式(图片、声音还是文字?)、动态性(内容会不会增加或者减少,发展动向如何?)、结构(哪些是围绕主要功能创建的内容,哪些是次要内容?)、访问方式(形式的结构化标记语言或是更精细的粒度级访问等)。

图 6-10　Apple 官网
(https://www.apple.com)

6.2　信息架构解析

信息架构并非是互联网时代才存在的东西。美国著名建筑设计师理查德·索尔·沃尔曼此前就提出："信息架构设计如同编辑报刊，目的是使提供的信息更容易理解"。其实在非电子产品交互中我们也面临着信息的组织和结构性问题。例如，在编辑一本书或者杂志时，如何将所有的单词进行组织，让读者能轻松查阅到想要的内容，又或者是阅读时能轻松通过目录或者书中的线索查找自己想要的信息。那么，这种工作性质就是通过某种方式组织复杂的文字信息，并以简单的形式传达给用户。当然，更高层次的信息架构设计不仅要化繁为简，还要准确、易于理解。

6.2.1　解决信息过载问题

信息架构首先要解决的问题是信息过载问题。D.Bawden 等认为信息过载是个人的一种状态，这种状态表现为在工作中无法有效处理与自身工作相关的有价值的信息[1]。有学者认为当个人或系统的接受处理能力低于信息处理数量时，就会出现心碎、焦虑等不良情绪或机器故障[2]。普遍学者根据定义将其简化为公式：信息处理需求>信息处理能力，"需求"是指一定时间内处理的定量信息，当信息量超过某一点之后，决策效率迅速降低。从人类信息进化的过程来看，其发展从语言、文字、印刷、无线电到电子信息，信息生产的速度不断加快，但对用户而言，有用的信息增长比相对较低，这就使得信噪比增大导致对复杂信息产生疑惑。

那么，对于互联网时代的产品而言，是如何影响人们的使用体验呢？

信息架构设计解决信息过载问题，第一种方式是利用搜索，这种方式最直接、快速，但也容易出错。例如，如果我听到了一首陌生的英文歌，如何查找歌曲呢？又或者搜索结果出现了许多同名文件，如何确定呢？另一种方式，从用户浏览出发，保留用户最近浏览和使用过的文件，在下次使用时能轻松获取。当然，这只是单个对象的查找、调取和浏览问题。如果处理批量文件，又会给用户带来新的麻烦。

其实处理批量信息即将具有某种同一属性的信息放置在同一文件夹中（见图6-11）。在现代信息产品中也常用这种手段处理信息。例如，想对批

---

① Bawden D, Holtham C, Courtney N. Perspectives on information overload[J]. As lib Proceedings, 2013, 51(8):249-255.

② Schick A G, Gordon L A, Haka S. Information overload: A temporal approach[J]. Accounting Organizations & Society, 1990, 15(3):199-220.

量的音乐进行管理和浏览,网易云音乐给出了这些办法:在听歌时标记喜欢的音乐,添加到"我的喜欢"类方便随时获取,或是用户自命名添加歌单。这等同于给不同的歌添加相同的标签,利用属性查找信息。

图6-11　网易云音乐收藏歌单

那么,在这个例子中,信息架构要做的就是降低用户查找和浏览的难度。在前面用户的研究章节中我们说过用户需求有隐性需求和显性需求之分。利用信息架构帮助用户查找和浏览内容只是用户显性的需求,优秀的信息架构不仅合理,还要人性化。在这个案例中(见图6-12),"猜你喜欢"根据用户的使用和听歌习惯,为用户提供可能喜欢的内容,满足隐性需求。这不仅满足了好用、易用的目标,甚至为用户带来愉悦之感。

图6-12　网易云音乐个性推荐

6.2.2 解决情境扩散问题

信息架构要解决的第二个问题则与情境相关。在信息不断发展、丰富和增长的同时,承载这些信息的硬件技术也在不断进步,人与产品、服务交互的时间和情境少了很多限制,得到了极大拓展,现在人们可以随时随地与产品、系统或服务发生交互。路易斯·罗森菲尔德在《信息架构:超越Web设计》一书中将这种拓展称为"情境扩散",这也就要求产品要应对不同的使用情景。例如,苹果公司真正的"情境扩散"是iPod的出现(见图6-13),用户可以随时随地听音乐,甚至可以摆脱Mac。因此最初开发iTunes音乐管理软件也必须应对这种"扩散的情境"做出信息架构的调整,整合Mac和iPod上的音乐信息,使用户能同时管理两个硬件上的音乐。随着iTunes的不断更新,苹果公司推出了iPod Touch、iPad等一系列产品,用户听歌、看电影的情境进一步拓展。iTunes也从单纯地管理音乐到最后几乎"无所不能"。可以说,随着信息的不断丰富、增长和各种硬件的诞生,iTunes的产品信息架构出现了很多变化。

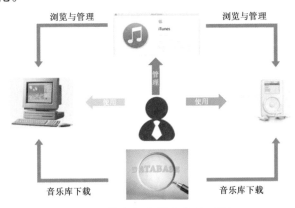

图6-13 用户与苹果产品关系图

这种信息架构的改变不仅是整个软硬件产品线的架构改变,iTunes这个软件的信息架构也出现了巨变,我们可以从界面的设计分析这种改变(见图6-14)。首先在初代iTunes上,左边菜单只有音乐列表、无线音乐、音乐片段三个标签。随着电影和电视剧的引入,以及iTunes Store的诞生,菜单变得更丰富。值得注意的是,对这些文件的管理增加了文件夹的层级。最新版的iTunes不仅可以实现对所有苹果移动设备的管理和文件的同步,还可以对移动设备上的音乐、电影媒体文件进行剪辑、格式转换等操作。同时也意识到了时代背景下的"情境"转移——移动应用时代的用户更愿意在移动终端上管理自己的资料和文件。因此为了应对这种"情境扩张",iOS 设计了一系列可以完成 iTunes 功能的软件:iTunes Store、Music、App Store、Video。这几个移动端的 App 分别接管了 iTunes 的管理功能,当新产品的整体信息架构重建适应了增长出的各种新情景,抵挡了情境扩散冲击,iTunes 也迎来了终点。

图 6-14　苹果硬件、软件的迭代

6.2.3　让信息摆脱设备限制

第三个问题就是摆脱设备限制,从 iTunes 发展的案例中我们可以看到,苹果早期对音乐的管理只能在电脑上完成,后来发展到可以在所有的移动设备上进行管理。为了解决这种设备之间的隔绝问题,信息架构就必须保证用户对内容获得渠道的一致性。当然这种一致性不是简单地把某个软件强行塞到不同的设备,而是要在每个设备中都保持最好用的状态。也就是说,产品或服务通过不同的渠道为用户服务,用户感受到的体验是一致且熟悉的。例如,现代 Web 网页设计中经常使用的一种设计手段,即"页面元素适应不同屏幕大小"来保持一致性。

现在很多 Web 产品或者一些桌面应用都差不多完成了适配用户的移动终端,利用云服务提供跨品台协作方案。用户体验的匹配有很高要求,我们来看一些案例(见图6-15),左边是Web端的百度搜索引擎,右边是手机浏览器中的H5页面。从界面设计而言,两者从色彩或布局都保持高度一致性。

图6-15 百度网页端和iOS端主页对比图

图6-16是"百度搜索"Web端和iOS端的主页信息架构图。在主页,搜索是百度引擎的核心业务,信息架构和页面的设计也体现了这种商业逻辑。Web端和移动端的主页功能几乎一样,搜索为主,内容推送为辅。由于Web端应用于PC,因此有工具导航,同时为用户提供百度其他产品服务。移动端更照顾用户的个性化需求,因此直接将功能细分,划分出"频道"板块,强调用户的个人账户和个人关注。从整体的操作流程上来看,两者在用户体验上是一致的。而且对于不同的使用情境还有优化,也解决了我们前面说的"情境扩散"问题。

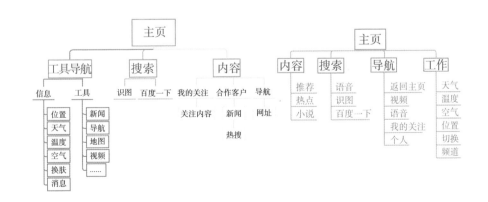

图6-16 百度网页端和iOS端主页信息架构

6.2.4　两种类型的信息架构

在正式构建信息架构之前,我们还应该解决信息架构的构建形式,以及如何将信息架构展示出来的信息架构可视化两个问题。杰西·詹姆斯·加勒特在《用户体验的要素:以用户为中心的 Web 设计》[①]一书中给出了信息架构的分类体系,自顶向下或自底向上的信息架构形式(见图 6-17),该分类也为信息架构的构建形式提供了参考。我们可以从"战略层"出发,或者从产品目标出发去考虑内容分项。

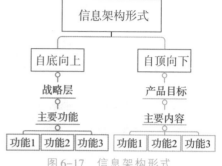

图 6-17　信息架构形式

用户在浏览网页的时候经常会产生下面这些问题:我在哪里? 我怎么找到我想要的资料? 需要注册登录吗? 怎么用到网站的导引?[②]用户浏览网站就是为了找出这类问题的答案。以 Apple 的主页为例(见图 6-18)。Apple 主页解决了很多自顶向下的问题。在自顶向下的信息架构中,将整个网

图 6-18　Apple 主页的信息导引

---

①杰西·詹姆斯·加勒特.用户体验的要素:从用户为中心的 Web 设计[M].范晓燕,译,北京:机械工业出版社,2008.

②唐纳德·诺曼.设计心理学[M].北京:中信出版社,2003.

站的页面和应用程序分组。标签系统代表网站的内容,导航系统和搜索系统可以在网站中移动。实际上,Apple 的主页尝试预测用户的主要信息需求。例如,我怎样找到我想要的产品? 或者 Apple 到底是一个怎样的公司? 网站的信息架构是很努力地把最常见的问题确认出来,然后设计这个网站来满足这些需求,我们将此称为自顶向下的信息架构。

自底向上分类是根据"需求的分析",等同于"归类","卡片分类法"就是其中一种(见图 6-19)。卡片分类的具体做法是将信息、相关的概念、条目、内容、小分类等写在一张张卡

图 6-19 卡片分类

片上,让"目标用户"参与到信息分类中,并描述他们制定的分组,以此作为信息架构的参考。

自底向上的信息架构,其内容本身就可以有内嵌的信息架构。例如耐克的产品页面,显示一款篮球鞋的详细信息。详情页本身就有清晰的结构,顶端用标题,接着是款式展示,然后是尺码选择与产品细节,以及推荐你可能还喜欢的款式等。模块化的出现,使产品结构更加显著。产品信息本身的分块,也可以支持搜索和浏览,例如用户可能会想以这样的名称在网站搜索,然后将该款式的信息取出。自底向上的信息架构不是从上面支配,而是从系统的内容中提出所固有的需求(见图 6-20)。它如此重要的原因是用户可能会跳过系统自顶向下的信息架构,因此优良的信息架构需要预测用户的这种使用导向。

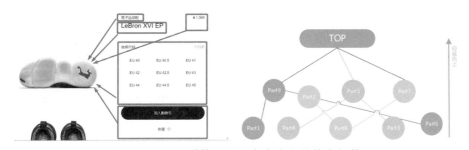

图 6-20 产品详情页面和自底向上的信息架构

131

6.2.5 信息架构的可视化

真正的信息架构是一种不可见的逻辑概念,信息架构设计的工作之一就是将工作可视化,以信息架构图的方式呈现(见图6-21)。

信息架构虽然不可见,但是在工作中却真实地提高了信息的组织效率,信息架构的可视化提高了设计工作与用户的沟通效率。信息架构可视化设计可以根据网站的功能定位,从组织系统、导航系统、搜索系统、标签系统几大板块,呈现网站的功能架构图。设计师在进行信息架构设计时,根据产品目标和用户目标选择信息组织形式和设计方法。

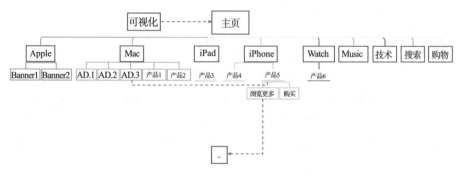

图 6-21　苹果主页信息架构图

6.3　信息的概念设计

6.3.1 产品概念和信息分类

构建信息架构的第一种方法是产品的概念地图,概念地图的优势在于其分析方式,它以一种图片的呈现方法呈现想法和概念之间的关系。这里的节点A好比一个概念(见图6-22),可以用几何图形或图案等符号表示。

图 6-22　简化的概念地图

节点间的连线,代表概念之间的关系,连线可以是单向的、双向的,也可以是无方向。B则是代表对概念的文字描述。概念和关系通过节点和连线按照顺序排列起来,生成一张概念地图。概念地图的作用是对概念和设计师想法的一种收集和表达。例如,对导航进行概念的构想时可以利用概念地图,得到标签导航、抽屉导航、宫格导航这三种形式(见图6-23)。

图 6-23　导航形式的概念地图

信息分类的模式选择一般可以分为准确分类和模糊分类两种模式。准确分类的方法又可以分为时间顺序的分类、检索字母顺序的分类、格式分类等方式。模糊分类又可有按照任务、对象、主题等方式进行分类。按时间顺序适用于时间为单一关键因素的情况,比如新闻、博客、历史等内容页面,邮箱的收件箱(见图6-24)就是按照时间进行的分类。其次是按照检索的顺序进行组合信息,最常用的方式是按照字母进行排序。这种方法适用于对已知事物的查找。一般情况下不会把按字母排序当作主要的内容分类方案,除了两种情况:一是字典,二是已明确排序对象的名称。例如在 Web 中,进行城市、地名或者学校名字等选择时就是按照字母检索顺序进行的分类。

图 6-24　邮箱收件箱

除此之外还可按照格式进行信息分类,这种方式经常用于综合网站。比如我们在百度搜索中,进行关键字段的搜索之后,就可以根据自己的需要选择内容的格式:可以是相关网页、图片等。最后还有一种信息组织的方式就是按照组织结构进行分类,这种分类的方式有一定的争议性,因为有时设计师对信息的归类和组织的安排可能与用户的组织方式有很大不同,所以会造成误差和搜索困难。但是通过这种方式,用户可以进行自行的归类和整理分类。这种方式存在的一个最大的问题就是这些信息的获取者需要知道网站架构的具体编写逻辑。例如某视频网站对视频元素的分类,如果设计师或者投稿人对作品不是很了解,就会对观看的用户造成困扰。

以上属于准确的信息分类方式。模糊分类可依据任务、接受对象、主题、组织方式分类。我们经常会发现,同一个内容有时可以应用于不同任务中,因此,按任务划分的方案比较适合任务量不多、界限清晰且内容易于划分到不同任务中的情况。比如我们使用的地图App(见图6-25),根据用途不同就会有不同的显示状态。

图 6-25　地图 App 的两种显示状态

按照内容接受对象分类的方案只适用于对象可被分组,且界限清晰的情况,同时内容在不同对象组别之间没有太多重叠。例如,我们在进行商品购物,尤其是购买服装时,可以根据自身的属性选择人群分类(见图6-26)。这里的适用性别就是对内容对象的一种划分。

图 6-26　购物网站人群分类搜索

另一种模糊分类方式是按照主题进行分类。简单地说,这种分类形式就是按照一定的主题或话题,把相似的东西归类放置。这种分类方案常用于设计公司或者设计师的个人主页。如图6-27中的视频网站就使用了这种主题分类的形式进行分类,把视频内容按动画、番剧、国创等进行分类。

图6-27　哔哩哔哩主页主题分类

6.3.2　选择模式并进行概念设计

信息被打散分类之后也很混乱,并不利于用户寻找信息,所以需要对信息进行有效的组织。组织方法从简单到混合代表了不同的思维模式,适用于不同的人群。常见的简单模式有层级结构、数据库模式、超链接模式、线性模式。层级结构有锥形式和扁平式,这两种层级结构是组织信息所使用的最简单和常规的方法,锥形式适用范围很广,尤其适用于小型的信息范围。在扁平的信息组织中找到想要的信息步骤少,信息之间跳转也比较灵活,缺点在于范围太广(见图6-28)。

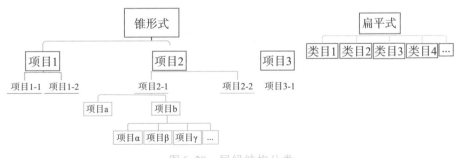

图6-28　层级结构分类

层级结构在空间中分为 X、Y、Z 三维架构,其中 Z 表示层级的深度(见图 6-29)。为了更直观地表现锥形式与扁平式的不同,我们以网页端的网易严选和 Windows 菜单部分为例。锥形式(见图 6-30 左)的购物导航以运动旅行>旅行用品>出行用品的分类方式帮助有大致选购目标的用户服务。扁平式交互(见图 6-30 右)可更

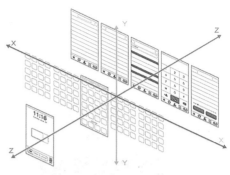

图 6-29　交互模型的树形结构

直接方便地服务用户,常用于手机快捷键、层级复杂、常用或刚需的服务任务,因此随着信息化爆炸,层级繁多冗杂,用户也越来越倾向于扁平快捷的方式满足需求。

图 6-30　可视化锥形式(左)与扁平式(右)

数据库模式最大的优点是一次性储存数据,然后可以使用不同的数据块和方式来展示信息,为用户提供了很多获取内容的入口。我们日常使用的淘宝就是典型的数据库模式的信息架构。在这样一个可让全球民众上网买卖物品的线上拍卖及购物网站上,每天都有数以百万计的交易在上面进行。这些数量庞大而繁杂的物品根据自身的特性进入相应的数据库中,在信息流经数据库时,如果不符合数据库 1 则进入数据库 2,以数据库>服务>个人服务的数据进入方式,以此类推找到属于自己的数据库(见图 6-31)。每个服务拥有一组只能由该服务访问的表称私有表,每个服务都有一个专用于该服务的数据库架构,每个服务都有自己的数据库服务器。

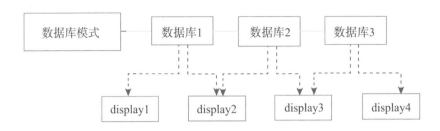

图 6-31 数据库应用模式

超链接模式中的内容块根据相互关系进行连接,信息之间没有层级结构那样的主次和先后之分,主要适用于长时间积累起来的大量信息组织。以内容网站为例,网站内容会随着时间的推移不断地变化,设计者只能给定一个网站的基本框架,当信息增加或者减少时在原来的链接基础上增加或减少链接点(见图6-32)。图6-30(左)中所显示的服务项目都是由多种服务的超链接所构成,每种服务超链接间可以相互跳转,减少返回主页再操作的步骤。

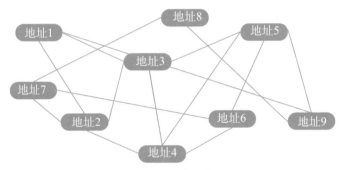

图 6-32 超链接模式

线性模式即按照直线规则。如图6-33所示,当用户将注意力转移到另外一件事前,必须理解当前事件。线性模式只用于必须按顺序浏览的情况,

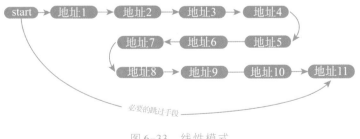

图 6-33 线性模式

如果用户实际并不需要按特定规则阅读的话,必须要有打破线性模式的方法,否则会产生挫败感。比如我们网站,注册账号,填写账户名、密码,阅读相关规定,注册方式验证这样一个过程就是线性的、单一的流程。这样一个流程以最高效率帮助用户完成注册。同时,避免插入性的信息扰乱用户视线。但是,某些设计就不能采用绝对的线性模式。比如,App打开时的广告页面和欢迎页面,就不能用线性结构。如果不能跳过这些页面,就很影响用户的操作和情绪(见图6-34)。

图6-34　登录界面及广告页面

与简单组织模式相对比的是信息的混合分类模式,包括分析目录模式、中心辐射型模式、集中入口模式和标签等。目录模式(见图6-35)在购物网站和页面的信息组织中较为常见,购物网站将所有的商品按大类区分,大类又加入小类以此种方法层层划分,得到最后全部的商品类别。这种分类模式兼有层级结构和数据库结构的优点,对于信息的组织者和用户都较为友好,这也与之前简单组织模式中的锥形式导航类似,网页端的京东、淘宝、网易严选等大型购物网站首页常用此种分类方法。

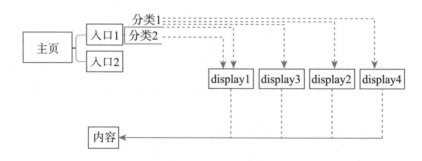

图6-35　目录模式

在中心辐射型结构中,人们会从一个层级进入到另一个具体信息,然后返回出发点,再进入到其他节点,如此往复。对于很多大型站点而言,以一种单一的方式组织内容通常不能满足所有的用户(见图6-36)。例如在产品经理知识网站"人人都是产品经理"的网页中,其主页除了常规的搜索框之外,在导航的设计上提供多种分类栏目,如分类浏览、活动、课程等。另外在主页还有最新活动、热文推送、经验知识等。在这些选项和入口的背后或许是同一个目标、同一篇文章,但是这些文章正因为重要或者有价值,设计师就要为用户提供多种渠道。如图6-37所示,搜索和文章分类可能会产生同样的服务链接,方便用户通过多种通道满足需求。

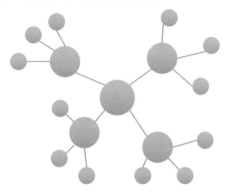

图6-36 中心辐射模式

图6-37 搜索与文章分类入口

网站中的每个类目都利用关键词作为标签,而它们同时也是内容的入口。这种模式适用于有大量不同内容的集合。当用户找不到方向时,标签能够帮助用户快速找到相关信息(见图6-38)。最为典型的就是我们的论文检索网站,网站为用户提供了一些常用标签。比如主题、关键词、作者等,能帮助用户在无确定目的下进行信息探索(见图6-39)。

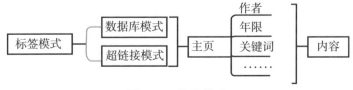

图6-38 标签模式

图6-39 网页端CNKI高级检索

如何根据自己的需要选择模式？我们根据结构的类型、适用的内容范围和人群进行了总结（见表6-1）。每种不同的结构也会面临一些问题，因此，设计师应该权衡得失进行选择。

表6-1 模式应用表

结构类型	层级	数据库	超链接	线性	简单层级+数据库	目录	中心辐射	子站	集中入口点	标签
试用内容	拥有各种内容的小型站点	内容一致性	内容不完整，需要不断添加补充	顺序性内容	综合性内容+一致性结构内容	大量结构性内容集	分级内容	大型企业和政务站点，需要大量独立内容板块	形式多样，通常为层级式	大量内容集
试用人群	习惯先阅读概述信息，再看详细信息	通过更多方式进入	追随相关材料链接	用户想按照特定顺序理解某些内容		寻找特定类别产品	在中心页查看新内容		用户随心浏览	根据自身定义发掘信息，轻松找到相关信息
挑战与话题	平衡内容广度与深度	所有内容适应于结构，且不含超出需求的元数据	设计者需要了解链接内容；内容完成后需要重构	必须顺序阅读	区分结构化内容			是否需要统一的导航和页面布局		标签操作的权限

到这一步,设计阶段的前期准备工作基本完成,而整个工作流程中的一些步骤,比如用户研究等在前面有详细的介绍。那么现在,我们就要结合调研分析的结果,发现设计中的问题,找出最贴近目标的模式,以解决发现的问题为最终目标,从而更好地设计信息架构。设计时,可以采用简单的结构图,能够清楚说明各个对象之间的关系。这就是一个项目开发过程中的信息架构概念设计。

6.4　信息架构设计

6.4.1　信息架构可视化

无论是在项目研究还是工作产品当中,我们必须要清楚简单地表达出整个项目的运作方向,使客户或者同事易于理解,这就要依赖于视觉沟通上的流畅度,那么设计概念的框架视觉呈现就显得尤为重要。我们首先要认识到设计的框架在之前所提及的信息架构形式中采用的是战略功能出发,还是产品目标内容出发,从以下案例中可以看到是某公司的内部应用,也就是从自底向上的功能层面上建立产品架构,应用了卡片分类的方式(见图6-40),同时让企业员工参与到功能分类中,使功能的放置位置更恰当。

图6-40　某公司应用的卡片分类

由于应用本身分类性比较强,时间状态主要分为上下班两种,其他服务比较具体,因此采用上下班打卡的主要功能扁平化,次要功能包括请假、采购等功能锥形化,由此形成如图6-41所示的信息架构图。

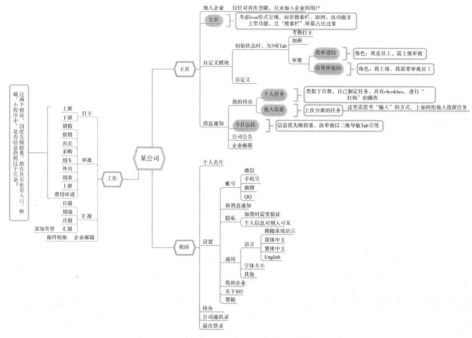

图 6-41　某公司手机终端应用架构设计

　　由于信息本身的多样性、可重复利用、多维度理解等特性存在,将所有信息完全展现并解释透彻是非常困难的。为了让他人能更容易理解设计者所表达的理念,信息架构可视化可用以下两种手段:

　　1. 多维度表达

　　当信息较多较杂时,一张信息架构图表不可能完全清晰地表达设计概念,所以要尽可能地利用其他表现手段。比如多媒体视觉呈现、文字叙述或者视频等(见图6-42)。

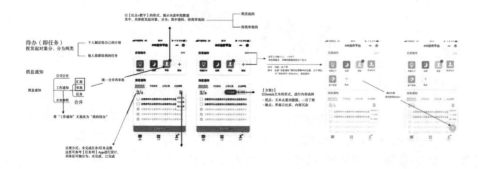

图 6-42　手机终端的架构文字说明

2. 定制化的表现形式

由于设计模型、用户模型、系统表现模型的客观存在,信息架构设计者和用户对信息的理解是有偏差的,因此需要了解用户能接受哪种说明方式,然后用相应的工具、媒介去做解释,保证信息架构设计没有太大偏差。视觉化的表现形式在和用户对话时就发挥了很大作用,站点地图就是一种易于接受的视觉表现形式。

6.4.2 站点地图

站点地图属于辅助导航系统的一部分,不在网站的基本层级结构中。生活中我们可能会遇到在机场或街道迷失的情况,站点地图正如其名,像地图一样为用户导航,解决方向问题。

站点地图通常是根据网站的结构、框架生成导航页面信息层次及组织方式,简单明确、目标用户定位准确、避免提供过多信息。例如,在苹果官网的站点地图就提供清晰明了的站点地图(见图6-43),方便用户全览网页并认清自己的目标方向及任务。

图6-43 苹果主页站点地图

1. 从上而下站点地图

在自上而下的信息架构创建中,通常是以主页面为起始,利用开发站点地图的流程补充架构的细节和附属页面,添加细节层次,自顶向下做出导航层次。同时站点地图还可以对设计有一定的帮助,我们在迭代或优化整个网站信息架构时,可以利用其从主页到俯视整个网站内容的特性,探索主要组织体系和结构,在进一步优化信息架构过程中发现优化创意或迭代点。例如图6-44,这是某教育网站的站点地图,由子网站为基础组件的异质子网站共存网站,由于部门的管理内容多样化,含有各自特殊的图像表达和信息架构,所以在站点地图中提出了"伞形架构"的概念,虽独自管理各自的项目及部门,但却是总体策略的一个分支。图中的①子网站目录,等同于书架上的标签,整个书架标签都罗列了书的名称、文字说明、关键词、受众、格式及主体等信息,以说明书的大概内容和类型,供读者筛选,同理子网站目录是为浏览网页人员提供子网站信息以便点击选择。同时,对子网站点击过程中会产生

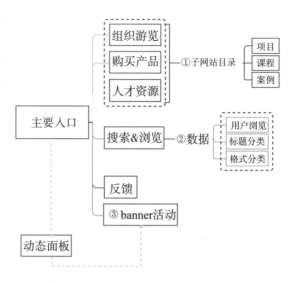

图6-44　某教育网站高级站点地图

标准化记录,等同于创建记录数据库。通过分析点击次数与时间等因素进行数据统计,有利于在搜索与浏览功能中预测用户的兴趣或各项用户数据。

　　2. 深入站点地图

　　"形式适应于功能"是建立站点地图特别需要注意的地方,咨询公司网站和天气网站是两种截然不同的类型,因此以目标为导向的方式出发,咨询公司的功能重点在于提供用户需要的咨询类型,迅速定位其服务方向和内容,例如图6-45,这是国内某咨询管理公司的站点地图,说明了该咨询公司

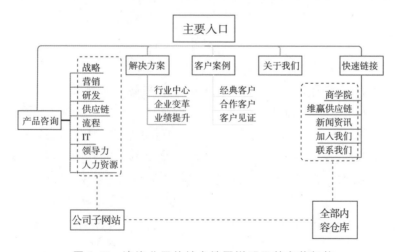

图6-45　咨询公司的站点地图说明了其完整架构

网站的完整架构。天气网站是迅速定位目标地点和时间，以便提供相关天气情况、地图显示及周边服务（见图6-46）。

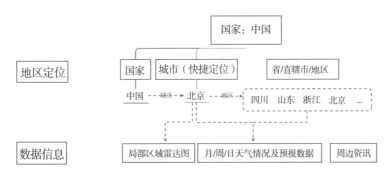

图6-46　中国天气网站的地理中心导航方式

3. 细化站点地图

搭建完成的站点地图类似于支好柱子或搭建钢筋的过程，剩余的任务就是和开发人员沟通组织、标签和导航决策的细节，因为这些因素是最容易改变和迭代的。在施工现场，你可能会改变厨房、书房、卧室等房间的尺寸和类型，但肯定不会把整栋楼给拆了，除非这栋楼是歪的或者不牢固的，因此详细的站点地图应随着剩余的计划改变，应对处理项目开发过程中的新情况和新需求。当然，详细的站点地图必须要包括从入口到任务完成页的所有信息层次，能够严格按照计划建立标签和导航系统，才能充分达到站点地图的构建目的。

6.4.3　创建内容

你带着非常明确的需求进入便利店或者服装店，查找你所需要的商品，是不是非常理所当然，一层一层翻就一定能找到，但也许你还有其他需求，只是自己不知道。例如商店的啤酒栏旁边聪明的店家也许会放香烟，个性的时髦外套旁边会有内搭，都是产品的搭配存在。

图6-47　网易云音乐App推荐歌单

网易云音乐App（见图6-47）在内容创建上就运用了智能算法的黑科技。千万张唱片中，你想要听某人的、某一年的、某唱片公司的,这些信息都是层级架构组织起来的,哪怕是像翻山越岭一样才能选到自己喜欢的音乐,你也会不厌其烦地重复点击。这种选择路径很容易留下选择的痕迹,所以系统在技术分析时总知道你是怎么发掘自己喜好的音乐,然后投其所好。这种案例在如今 AI 当道的互联网环境中比比皆是,也不失为创建内容的一把金钥匙。

6.4.4　信息架构的评价

当然,信息架构的可用与好用与否都必须经过检验才能确定。我们如何进行检验?我们在这里介绍一种定性的评估手段。将网站的信息架构分为几大板块进行评估,可以分为组织系统、标识系统、导航系统、检索系统进行考察。

1. 组织系统评估

评估包含内容组织分类方法是否合理、结构模式是否得当,这些在前面课程中已经有了分析,是否有内容的智能或自动分类。方法有卡片分类法或者用户测试法等。

2. 标识系统评估

标识系统部分评测含有网站索引是否健全、合理,网页上各种标签的完备性和搭配的合理性。标签是指内容对象的名称或图标,例如网页的标题,或者分类的标题。标签是否有效,方法最好采用专家打分的方法。

3. 导航系统评估

导航系统评估导航元素是否合理、质量好不好、是否有冗余,方法是测试用户完成任务是否便利,测量任务完成时间。

4. 检索系统评估

检索系统评估内容有:是否有检索引擎、是否支持不同方式的检索、是否有效、灵活。方法也是召集测试者进行任务时间测试。这些测试方法在本课程其余地方有更详细的讲解,这里不再赘述。

6.5　本章小结

本章论述了信息架构的 7 个特点,用户、内容和情境三要素,由内容与功能间的定义和逻辑关系构成的两个关键点。详细分析信息架构解决的问题及如何优化。详细探讨了信息过载和情境扩散的问题,通过思考信息环境,包括进入环境的渠道及环境中的交互来应对问题。讨论了组织信息架构的基本方法和原则,优化可查找性和易理解性。还探讨了根据内容选择组织模式,讨论了多维度信息架构和满足特定受众需求而制定的基本信息架构原则,利用站点地图和线框图的工具方法,以及制定内容映射和清单作为信息架构的基础和基本流程,运用内容模型和受控词表,优化查找和产品的准确性,更容易理解,打造优良的用户体验。

功能树

信息架构

第7章

交互细节：体验的完整表达

　　界面，作为传达设计最前端媒介，能够直接影响用户的使用体验。打造良好的界面设计，能使产品拥有非凡的外貌和气质以及独特的风格和内涵，让用户在使用中享受如沐春风般的流畅体验。

7.1　界面设计概述

7.1.1　什么是界面设计

　　界面设计又叫作 UI 设计，界面设计所包含的范围也非常广泛，它包括对软件的人机交互方面的设计、人在操作软件时其操作逻辑的设计，还有界面美观的整体设计[①]。如果按照存在形式分类，用户界面分为实体的界面和虚拟的界面。在图 7-1 中，依靠物理的按钮、旋钮等工具实现交互操作的界面属于实体的界面；手机等存在于屏幕中、用数字化形式模拟的界面属于虚拟的界面。

图 7-1　实体 UI 和虚拟 UI

7.1.2　界面设计的分类

　　单从存在形式对界面设计进行分类是狭隘的，从功能实现来看，界面设计的目的是传递信息与功能、接受用户输入来完成和用户交互的整个过程。但是在功能实现过程中设计的具体意义不同，某些设计是为了更好地实现功能，某些设计是为与用户产生共鸣而表达一定的情感，而某些是为了契合

---

①张小琳,张莉.UI 界面设计[M].北京:电子工业出版社,2014.

环境条件而进行的设计。

1. 以功能实现为基础的界面设计

功能性是交互设计界面最基本的性能,交互设计的本质是让人愉悦、便捷地与机器进行信息的交流与反馈,简单来说就是要快捷、高效地实现用户的需求。交互设计不仅仅关乎外表,还要囊括一切,包括工作的方式等多个层面,其存在的目的是更好地解决问题、提高效率和提升内容呈现①。如图7-2所示为三款理财-生活服务软件的服务入口界面,此类界面在功能上是一致的,主要完成入口信息的展示功能。因此,三个界面在导航方式、页面布局、设计风格上有很多相似之处。这也说明了这样的界面设计是最为常用户最熟悉、最容易达成目标的设计形式。

图7-2　三款软件的功能界面设计

2. 以情感表达为重点的界面设计

以情感表达为重点的界面设计,即通过界面将某种情绪和感觉有效地传达给用户。这类界面在设计时会更注重用户在产品使用过程中的情感体验,通过增加界面的趣味性使用户在使用过程中与该应用产生情感上的共鸣。如图7-3

图7-3　电脑管家无线
安全助手界面

---

①姬洪瑜,韩静华.扁平化设计在交互设计中的应用[J].包装工程,2016(12):101-104.

所示是电脑管家无线安全助手的界面,设计者使用极其有趣幽默的漫画风格,通过趣味性来带动用户的情绪化的反应。在界面设计中使用漫画和文案唤醒用户对蹭网的厌恶心理,以求和用户的情感达成共鸣,同时用显眼的蓝色边框按钮引导用户使用服务。

3. 以环境因素为前提的界面设计

任何形式的交互设计都离不开交互情境,使用环境对交互产品的信息传递有着重要影响①。其中环境因素也是多种多样的,它包括作品自身的物理环境、文化环境、社会环境、节日环境等诸多方面,因此在界面设计中要重视界面环境氛围的营造。例如图7-4所示的界面设计则是受春节文化影响,与平时不一样,为了烘托出春节的节日氛围,在界面中使用了春节主题的插画背景。

图7-4　受文化环境影响的界面设计

7.1.3　界面设计流程

界面设计到如今已发展成熟,有一套完整的设计流程与体系。实际操

---

①胡克.智能手机交互界面创新设计[J].包装工程,2009(6):110-112.

作中，不同的团队或企业可能会根据自身实际情况进行细节上的调整，但大致框架基本相同。如图7-5所示是界面设计的基本流程，从确定需求到最终视觉设计三个步骤共同构成了界面设计的工作。

图7-5　界面设计流程

7.2　界面设计规范和原则

界面设计工作的第一步中，确定需求和产品平台是其中较为重要的工作，设计师在设计一个产品时要考虑是Web产品还是移动端产品？移动端又分为iOS、Android、Windows等平台，每个平台的设计规范各成体系，因此界面设计也要遵循平台的设计规范。

2017年Windows phone的市场占有率逐步下降，现已经不足1%。目前移动终端市场份额最大的两个系统是iOS系统和Android系统，在实际开发过程中也很少受到制约。因此，现在主要以iOS和Android两大系统的设计规范为主要研究对象。首先，项目组应根据成本确定要开发一个终端还是多个终端的产品，如果是一个终端，是选择iOS平台开发还是Android平台开发？又或者是多平台采用统一的设计方案，然后分别进行开发？除了成本的考虑，还要有时间上的考虑，允不允许开发多套不同的设计方案。初次上市的产品如果没有经过大规模的用户验证，最好只开发一个终端或者设计一套方案适配多个终端，而产品的升级则可以针对终端进行开发。

在实际应用过程中不仅有总的界面设计原则,每个平台也有各自的设计原则,一般情况下这两种设计原则能够兼容。在设计中会根据现有技术条件、平台之间的壁垒等实际情况来确定开发平台。有时会根据项目的时间、人力或成本控制等情况而针对消耗更少的平台进行开发,在没有明确的用户反馈时,则选择单一的平台集中精力进行开发。在设计过程中除了用户使用习惯等问题之外,尽量不改变平台开发控件的使用规范,因为开发控件的改变容易造成技术人员的困扰。

主流系统的界面设计原则遵循以用户体验为先的准则,目的如下:一是通过清晰的功能内容表达,让用户可以快速了解界面内容,熟悉界面操作流程,满足用户快速完成任务的需求。二是减少用户的记忆负担,核心包括界面简单和设计逻辑清晰,界面简单是指要清楚、直接地将元素、功能和内容展现出来;逻辑清晰的设计包括界面元素的位置逻辑、界面交互的跳转逻辑以及完成操作的任务流逻辑等。优秀的界面设计能够引导用户的视觉流,让用户在使用过程中跟随界面引导进行相关操作。

通过 Apple 官网 https://developer.apple.com/cn/ios/ 可以学习 iOS 系统的界面设计规范。iOS 系统的 UI 设计原则要遵循以下几点要求:

(1)界面美观:在符合用户认知的基础上外观与功能完美结合。

(2)一致性:在界面设计上沿用用户以往的知识和技能,不仅要符合界面的设计标准,同一图标还应代表同一种含义。

(3)直接控制:是指用户可以直接操控界面上的物体,而非通过控件,操作反馈则是指告知用户操作行为后的结果。

(4)暗喻:是指通过丰富的动作和图片,使用户在操作时与操作现实世界的物体一样。

Android 系统对于手机界面尺寸、栏高、字体、字号等有着自己独有的规范。由于使用 Android 系统的智能手机和设备非常多,屏幕分辨率也各不相同,因此在设计时要注意虚拟像素单位 dp/dip(device independent pixel,设备独立像素)与 px(pixels,像素)之间的转换。实际像素 px=1dp×dpi(dot per inch 像素密度)/160=dp×density,比如中密度(320px×480px)分辨率中,dpi 为 160,像素与虚拟像素之间的转为 1dp=1px(1:1);超高密度(720px×1280px)和超超高密度(1080px×1920px)两种屏幕像素密度,其像素与虚拟像素之间的转换分别为 1dp=2px(1:2)、1dp=3px(1:3)。

sp(scale-independent pixel)是 Android 系统中字体大小的单位,是为了

能够自适应屏幕像素密度和用户的自定义设置而存在的。当分辨率为720px×1280px时,1dp=2sp;当分辨率为1080px×1920px时,1dp=3sp。[1]

Android 系统可以通过官方网站 https://developer.android.google.cn/进行App的学习和开发。Android 系统的 UI 设计需要遵循以下原则:

(1)界面美观:通过图形图像设计、色彩搭配,以及合适的音效和动画来体现界面的个性化设计,增加操作过程中的趣味性,设计也要符合用户的操作习惯,从而使用户具有良好的体验。

(2)操作简单:运用短句避免长句,善用图片语言,协助用户做选择;让用户知道自己的位置,即清晰的反馈;操作流程标准化;不要轻易打断用户,除非非常重要。

(3)工作流程完善:运用通用的视觉样式和操作方式;鼓励并帮助用户完成任务。

除了系统规定的设计规范外,还需要考虑人的生理需求和使用习惯。辛曼在《移动互联:用户体验设计指南》对手指触面大小做出概括:手指垫触面的大小为 10~14mm,手指尖触面的大小为 8~10mm,适合的手指触摸大小为10mm。同时在《iPhone 人机界面设计指南》中苹果公司建议的最小触摸面为44px×44px,约为 8mm,在《Windows 手机 UI 设计和交互指南》中微软建议的最佳触摸面为 34px×44px,约为 9mm。最小的触摸目标应大于 7mm。所以人手触摸面积估值为 10mm,增大手指触摸面积有利于提高用户体验。此外,人的视觉习惯通常遵循从左到右、从上到下的一个视觉流程,好的视觉流程让用户能更快更有效地完成阅读和浏览,避免视觉噪声和杂乱无章(见图7-6)。

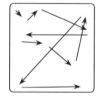

图 7-6 人的视觉流程

7.3 界面布局设计

界面布局设计能决定用户界面设计的风格,包含框架设计、导航设计和页面布局设计等内容。

---

[1]肖睿,杨菊英,李丹.移动界面设计[M].北京:人民邮电出版社,2019.

7.3.1 界面框架设计

框架设计需要设计者站在一个较高的层面上关注用户行为和操作界面的整体结构,其中包括两个部分,一个是交互框架,另一个是视觉设计框架,如图7-7所示。

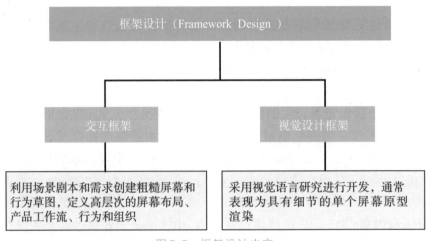

图7-7　框架设计内容

7.3.2 导航设计

导航设计可以确保用户在产品交互中快速找到并使用产品的重要功能,在界面中主要以导航栏的形式存在,同时显示标题等内容(见图7-8)。

成功的导航通常要具备以下几个特点[①]:

(1)平衡:是指广度和深度的平衡,简单来说就是单个页面上可见菜单项的数目与层级结构中级别数目要平衡。

(2)易于学习:导航的意图和功能要一目了然。正如优秀的设计一样,好的导航设计会让应用软件变得简单易操作。不管是购物、搜索信息或是查找地理位置,优秀的导航设计可以让用户依靠直觉和习惯对应用程序进行操作,让用户在使用过程中可以简单流畅地完成所有任务。

(3)高效:要提高信息传递的效率,就需要导航有明确的标签和清晰的层级划分。明确的标签可以更好地帮助用户理解导航的意图,既要简洁明

[①]由芳,王建民,肖静如.交互设计——设计思维与实践[M].北京:电子工业出版社,2017.

了又要通俗易懂，避免使用术语、缩略语或其他意义不明确的表达。而清晰的层级划分让用户快速地了解整个应用的架构，提高操作效率。设计中还可以通过颜色、字体、布局等视觉设计，区分界面视觉层级，弱化次级操作元素，提高导航的可用性。

产品中的导航方式包括主导航模式和次级导航模式（见图7-9），主导航又分为全局导航和瞬时导航两类。

图7-8 导航栏设计

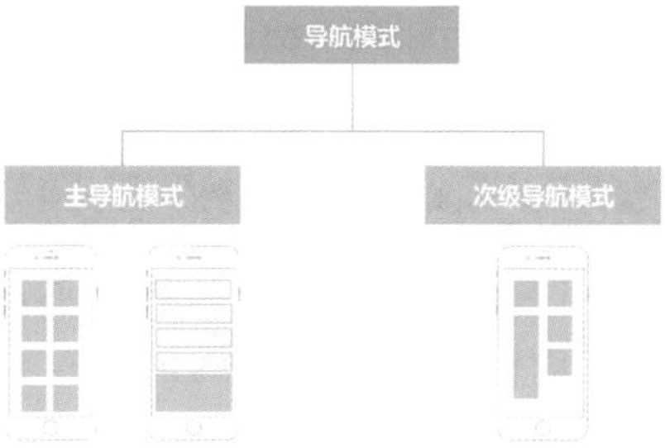

图7-9 导航的两种模式

导航作为移动App的基本入口以及主要功能的展现方式，不同性质的App展示出的导航各有千秋，其服务的对象和目的也不尽相同。其中全局导航以宫格式、列表式、陈列式、标签式四类形式展示得较多；瞬时导航则以抽屉式和下拉菜单式两类形式体现较多。而次级导航模式下的典型式样为翻页式和伸缩面板式两大类。

1. 全局导航中较为典型的四种导航形式及其特点

（1）宫格式导航：能直观展现各项内容，方便浏览经常更新的内容。缺点是无法在入口间跳转，不能直接展现入口内容，不能显示太多入口次级内容。如图7-10所示是美图秀秀App中所用的导航方式，这个界面设计使用了宫格式导航的模式，将美化图片、人像美容、相机等功能入口清晰地排列在界面中。

图7-10 美图秀秀App首页导航设计

（2）列表式导航：如图7-11所示的腾讯新闻App使用了列表式导航展现新闻内容，层次非常清晰，可展示内容较长的标题，还可展示标题的次级内容。

但是同级内容过多,加上大面积的文字,用户长时间浏览,容易产生视觉疲劳,排版的灵活性较差。

图 7-11　腾讯新闻 App 导航设计

（3）陈列式导航:又称陈列馆式导航,陈列式导航很明显的特点在于封面式的图片以及简要的描述内容(见图 7-12),陈列式导航可直观地展现跳转后的内容,方便浏览经常更新的内容。

图 7-12　花瓣网网页中的导航设计

（4）标签式导航:该种导航模式主要满足用户在不同的子任务、视图和模式中进行快速切换的需求,界面设计中的标签通常有以下几个特点(见图 7-13):

①程序启动时,优先加载的内容肯定是选中状态的标签页内容。在视觉设计上要区别标签的选中状态,选中状态的标签视觉层级要优于未选中状态。

②标签的数量较少。如果平级的信息模块过多,可以在最重要的几个标签页之外增加跳板,把次重要的标签折叠起来。

③标签的首要任务是对内容模块进行平级切换。如果是想提供对当前页面元素的操作,可以使用工具栏,而不是增加标签。现在比较流行的方式

是将重要操作放在显眼的位置上,如一系列的拍照应用将拍照按钮置于标签正中位置,做成差异化样式设计。

④当有新消息到达时,可以在对应的标签上用数字气泡或者其他形式给予提醒。

⑤如果有可以用的系统图标时,尽量使用系统图标,如果是原创设计图标,要注意其表意性,让用户可以清楚地知道是什么含义。如果图标无法达到该要求时,一定要以简短(防止折行显示)的辅助文字来说明。

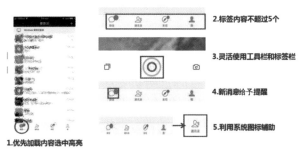

图 7-13　微信中的标签栏

2. 瞬时导航中较为典型的两种导航形式及其特点

(1)抽屉式导航:在日常生活中十分常见,如我们每天都会用到的一些即时通信软件(见图 7-14)。使用抽屉式的导航不仅节省了页面的展示空间,也让用户注意力聚焦到当前页面,同时这种导航方式扩展性较好,可以放置多

图 7-14　腾讯 QQ App 中的抽屉式导航

个入口。抽屉式导航的缺点在于按钮较隐蔽,用户容易忽略。

(2)下拉菜单式导航:下拉菜单式浏览可以让用户产生流畅的体验,排版布局多变,让用户感受到沉浸式体验。但是整体内容缺乏体积感,占用面积较小,首次操作时容易被忽略,同时还会造成视觉疲劳。

如图 7-15 中的新浪微博 App,还有今日头条 App 等都是采用的下拉菜单式导航,以浮层形式位于界面上层,排版布局多变,采用列表的形式展现菜单内容。下拉菜单式导航的缺点是整体内容缺乏体积感,容易造成视觉疲劳。

图7-15　新浪微博 App中的下拉菜单式导航

3. 次级导航模式中较为典型的两种导航形式及其特点

(1)翻页式导航:内容整体性强,如 iPhone 界面的页面浏览(见图7-16),线性的浏览方式有顺畅感和方向感,但是不适合展示过多页面,一般只能按顺序查看相邻的页面,不能或不便于跳跃性地进行查看。同时由于各页面框架高度相似,用户容易忽略位置靠后的内容。

图7-16　iPhone界面中页面浏览的翻页式导航

(2)伸缩面板式导航:多以点聚式的样式展现,流畅的动画使展示方式显得更加有趣,节省空间,避免标签导航占用空间大的问题,其引导性明显比抽屉式导航更强。但是在使用中隐藏了框架中的入口内容,对入口交互的功能可见性要求很高,可以在用户首次登录时进行引导和提示(见图7-17)。

需要注意的是,某些系统的工具栏看上去和导航或者标签栏很像,但它并不能用来导航,而是让用户在当前页面操作内容,始终显示在页面或者在手机屏幕的底部。由图7-18可以看出,一个操作按钮可以触发一页操作菜

单,选中按钮也可以有其他多个选项选择。但是也有系统的工具栏常位于
页面的顶端,操作按钮放置在操作栏的右上角。

图7-17 新浪微博App中的伸缩面板式导航

图7-18 两种系统工具栏的区别与特点

7.3.3 页面布局设计

布局方式一般有:数据可视化、卡片式、瀑布流式、宫格式、通栏式布局、
大视野背景图等。

1. 数据可视化

在布局中利用数据可视化,可以在更小的屏幕空间内更立体化地展示内
容。可以让用户更直观地读取数据所呈现出的信息。比如天气预报的界面,
可以让用户清楚地知道接下来几天或者几个小时内的天气和温度的变化。

现在有许多智能可穿戴设备,会将数据汇总到手机应用中,这同样需要
将数据转变为可视化的信息,如柱状图、折线图、饼状图等,便于用户查看、
阅读、记录和比较(见图7-19)。

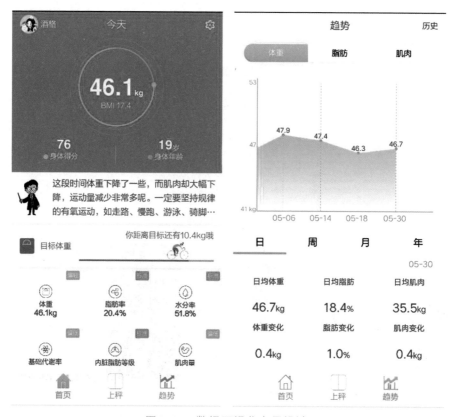

图 7-19　数据可视化布局设计

2. 卡片式

　　卡片式的优点在于增强用户的点击感,整个界面排版整齐,所有信息以模块化的方式呈现在用户面前,便于用户进行选择。在许多购物应用中,经常可以见到卡片式的布局设计,方便顾客对商品进行选购。卡片的长宽大小可以随需要展示的内容进行调整,正是由于具备这种特性,卡片式页面布局非常适合运用于响应式设计中。由于不同平台的分辨率不同,卡片也可以自适应地进行展示(见图7-20)。

图 7-20　卡片式布局设计

3. 瀑布流式

瀑布流式页面布局在图片展示网页或应用软件中使用率较高,通过用户不断滚动页面加载呈现新的内容。瀑布流交互浏览方式能增加用户参与度,让用户在浏览过程中挑选自己感兴趣的内容。最早采用此布局的网站是Pinterest,之后逐渐在国内流行开来,比如花瓣网等集图分享网站,这种布局方式便于图片的展示和分类,也有利于进行点评分享等功能操作(见图7-21)。

图7-21　花瓣网网页中瀑布流式布局设计应用

4. 宫格式

图7-22是典型的宫格式导航与宫格式的布局,宫格式导航或布局方式的每一种功能图标都在界面中以单元的形式排列,类似九宫格的形式,方便用户选取自己所需要的功能。

5. 通栏式布局

通栏式布局方式通常以整块图片作为背景,逐渐成为界面设计的流行趋势。通栏式布局可以应用于整个App的背景以及某一内容区块的背景,从而提升视觉表现力,让界面在视觉上更整体。将一些信息或操作浮动在图片上的设计方法,对字体和排版设计要求较高、难度也更大,但能显著渲染界面气氛,这种布局常见于专题类分享页面(见图7-23)。

图7-22　美图秀秀中宫格布局设计

图7-23　通栏式界面布局设计

6. 大视野背景图

大视野背景图风格主要分为两种：

一种是在内容区块中采用大视野背景图，例如Secret、The Whole Pantry。优点是可以利用图片划分区块。缺点是难度较大，将图片拼接后的效果不一定满足要求，需要反复推敲和尝试，可能还需要配合一些设计手段进行修饰，比如描边、留白等。

另外一种就是全屏背景图，甚至可以将状态栏包含在内，利用前景做内容排版、导航和操作，例如Vsco、Flink、Mindie、Soundwave。好处是设计非常具有生命力，但风险也很明显，前景的文字内容可读性会变弱。所以需要把重要操作明确地区分出来，文字和背景图的用色要有明显区分，可以利用反色，还可以把文字浮在半透明的色块上，增强其可读性（见图7-24）。

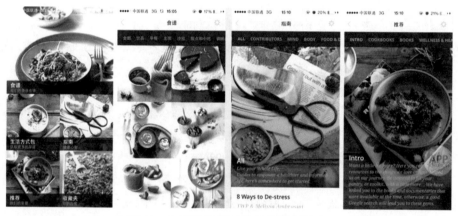

图7-24　大视野背景图风格界面设计应用

7.4　界面风格的形成

不同的作品会展现出不同的设计风格，界面设计也不例外。开始设计一个界面时首先应该确定整个应用中所有界面的设计风格，统一的设计风格可以使页面更加一致，能给用户带来更完整的视觉体验；同时，一个产品的开发需要整个团队协调配合，确立一个统一的界面设计风格也方便制定统一的设计规范，减少沟通成本和不必要的麻烦。

在确定界面设计风格前要找准应用产品的定位，如知识分享应用的知识科技感、购物应用的现代时尚感、卡通游戏的有趣可爱感、海淘应用的品质奢华感、聊天应用的简约自然感等。基于产品目标和产品定位的界面风格设计也将符合用户对产品的定位认知,有助于品牌形象的建立,如支付宝传达的安全可靠的理念,以及微信简约便捷的交流沟通方式。

除此之外,界面设计风格从视觉效果上至少要给用户传达两个信息:一是产品的整体基调;二是产品的目标人群。也就是说,界面设计风格需要通过前期对目标人群的调查研究和产品整体基调来确定。

因此,在界面风格设计中我们需要考虑以下三个方面:

(1)移动App产品的设计首先应该参考当下主流设计风格。

(2)是否适合产品目标人群,是否匹配用户人群的喜好,是否符合产品的定位。

(3)界面的颜色搭配和布局需要考虑各种类型用户的偏好,并且体会配色及布局给用户带来的视觉感受是否舒适和合理。

在确定界面设计风格的大方向后,下面将从色彩、UI设计元素及风格借鉴两个方面对如何塑造界面设计风格进行讲解。

7.4.1 色彩

色彩是界面设计中视觉元素最重要的组成部分,它给人造成的视觉冲击也最为直接与迅速。界面设计时要通过使用符合应用产品定位的色彩,给用户不同的视觉感受,更加准确、清晰地表达出设计产品所要传达的理念。

如图7-25所示的两个界面,左图是关于运动健身的软件,右图是关于女性的软件,两款软件是针对不同方向进行的界面色彩设计,具有明显的色彩差异,色彩在界面设计中

图7-25 针对不同场景和人群进行的界面色彩设计

十分重要,不同的色彩设计会给人留下不同的印象,因此在界面设计时,要明确产品目标用户与用户定位,针对不同受众选取界面色彩,如儿童会选择

饱和度较高的鲜艳色调,老人则会选择饱和度较低的轻柔色调①。

1. 色彩的基本理论

色彩设计在界面设计中主要起到的作用有三点:

(1)显示界面的整体框架:界面通常以图像化的形式呈现,一般由底色、图标、图片、文字以及按钮等元素构成。通过色彩的设计能够展示界面的逻辑架构,突出交互控件元素。如图7-26所示,这个界面设计运用了许多色块,设计者将需要表达的众多内容通过色彩分割展示出来,同时导航栏、状态栏、按钮等构成元素也是通过这种方法来进行展示,整个界面通过色彩分割,将整体的构架清晰地展现出来,方便用户的使用。

如图7-27所示是微信语音通话界面的设计。在这个界面中,"静音""取消""免提"三个按钮通过不同的颜色来区分功能,并进行了有序的排列。这样设计不仅在视觉上呈现出明显的对比,同时又能凸显当前任务下功能的主次。

图7-26　通过色彩分割,将构架清晰地展现　　　　图7-27　不同的功能通过不同颜色来进行区分

(2)明确视觉层级关系:UI设计中众多的内容之间都拥有或简单或复杂的层级关系,比如同级关系、从属关系等。利用不同的色系间丰富的色彩对

①王毅,崔曼,李光耀.基于人因要素的产品色彩设计研究[J].包装工程,2013,34(10):53-56.

比和差异，我们可以对不同的层级关系进行划分，将其清晰地展现在用户面前。为了凸显较为重要的功能和内容，还可以用强对比度的色彩对其标记。如图7-28所示的界面设计通过使用色彩的对比，将需要展现的内容，按照重要程度进行排列，这样就在视觉上使得层级关系更加明确。

（3）营造界面整体风格：界面需要通过色彩的设计来营造整体视觉风格，通过主色调传达产品的风格定位，多层级辅助色调表现出不同的层级信息，通过装饰色进行调和，使界面呈现出统一的风格倾向。如图7-29 所示，两个应用界面均为白色、灰色背景，左图由界面上方的主图、图标的颜色可以看出其为绿色色系，界面下方通过绿色的对比色红色来突出界面的重要信息，右图为红色色系，以主色系红色突出按钮交互控件。通过视觉风格来表达产品应用已经成为界面设计中非常重要的内容之一。

2.色彩的元素构成

在色彩的基础理论中还需要清楚界面色彩的元素构成，并对其进行详细的了解和分析。

（1）充当背景：背景色在界面中所占的比重较大，容易影响、诱导用户的情绪，是形成主色调的重要因素（见图7-30）。

图7-28 使用色彩的对比将内容按重要程度进行排列

图7-29 通过色调的变化会呈现出明显的风格倾向

图7-30 背景色彩

（2）区别文本：在界面设计中，文本主要对界面上的内容进行介绍、说明、概括等，用户对文本的浏览时间较长，因此其色彩应该具有识别性、舒适性，避免使用易引起视觉疲劳的色彩，如高饱和度、低明度色彩等。色彩应该单一简单化，易于用户阅读（见图7-31）。

图7-31　简练与复杂在文字中的效果对比

不同的色彩会表达出不同的情感与氛围，从而引发不同的联想，因此在设计中可通过色彩的搭配传达出应用产品的情感色彩。色彩搭配时要注意通过背景色彩凸显文字内容，提升文字可读性。如图7-32所示的界面文本颜色为灰色，与背景色白色形成了一定的对比，文字较为突出，而且白色和灰色的对比度又不是很强，不会太过于抢眼。

图7-32　具有表意性的文字演示

3. 色彩的搭配原则

（1）色彩的和谐对比原则：在界面设计中，要讲究对比色、同类色与邻近色的应用，展现出界面整体的协调一致①，如图7-33所示。

在图7-34中，左图的界面虽然由很多不同的色块组成，但是各个色块之间相互调和，有一定的对比在里面，但是又不会显得很不和谐。而右图中可以看出，设计者是想要突出界面中的三幅图片及其解释，但是红色和绿色是互补色，两个互补色放在一起会使人产生强烈的排斥感，使视觉产生疲劳，因此这样的界面没有做到相互调和。

（2）色彩的平衡美感原则：在配色时我们难免会遇到两个颜色过于相近（同类色和邻近色），这个时候我们可以用另外一种颜色来进行间隔，使两者之间更加清晰。而当两个临近的颜色差异较大（反色或互补色），对比所产

①李梦雅,黄秀玲,袁峰.基于孟塞尔色彩调和理论的包装色彩设计[J].包装工程,2017(15)：229-233.

生的视觉效果过于强烈时，我们也可以加入第三种色彩来进行调和，通过间隔法使色彩关系达到平衡。

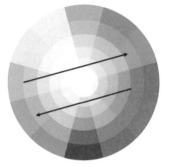

图 7-33 色轮

图 7-34 颜色搭配的正例与反例
（图片来源：自律闹钟 App）

在图 7-35 所示的界面中虽然出现了大量的白色背景，但是消息的分层还是很清晰，没有混乱的感觉，因为在两个消息之间设计者采用灰色线条将每条信息进行分割，这样整个界面就会显得更加和谐、整体。

（3）色彩元素的节奏原则：如图 7-36 所示，色彩元素的节奏有三种类型。左图是渐变色彩，通过渐变色的使用让界面层级更加丰富，整体协调统一[①]。中间的是反复的节奏，这里的反复主要有加强印象的意味，通过同一形状面积或者色相明度的使用增加视觉印象。这一节奏效应是最为普遍和最易被察觉的。右图是多元性节奏，在色彩使用时从冷暖、明暗等多维角度入手，对色彩进行多方面变化从而获得强有力的节奏感，使界面充满个性化与运动感。

图 7-35 界面色彩要平衡

图 7-36 色彩元素的节奏

①龙马工作室.精通色彩搭配100%全能网页配色密码[M].北京：人民邮电出版社，2015.

4. 色彩搭配技巧

在进行色彩搭配时要有主次,首先要确定定义产品风格的主色调、增加界面层级的辅助色、协调统一界面风格的点缀色,并把握好它们之间的关系。主色调往往定义的是界面的色彩效果与趋势,不用纠结于界面按钮控件色彩。如图7-37所示三种不

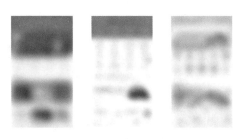

图7-37　三种主色调不同的界面

同风格的页面,图标中有许多种颜色,但整体看上去都有统一的色彩倾向。对于视觉体验来说,用户在面对画面呈现出的不同主色调时会产生不同的心理暗示。

辅助色主要是用来辅助和配合画面,使画面更丰富完整,富有节奏感。而点缀色在界面中主要起到提示作用,如警示信息中的红色。

在确立主色调这个大方向之后,我们要开始关注色彩搭配的细节。界面中可以用丰富的色彩来增加表现力,也可以用单色来体现简洁之美,还可以利用黑白灰等无彩色来调和以及烘托主题。

色彩丰富有其独特的美感,可以活跃画面气氛,还可以增强画面的吸引力。尤其是对一些特定主题来说,丰富的色彩是展现主题意义的有效方法,但这并不是说颜色可以随意地进行选择和推测,这样反而会因为颜色混乱而影响用户的体验。在界面中一定要让色彩的变化与对比协调、统一、有序。我们可以通过以下几种办法进行调节:

(1)使用同类色和邻近色来创建对比协调。

如图7-38中红色与橙黄色,蓝色与绿色都是邻近色。这些颜色在画面中通过不同的比例相互之间有所配合,既保证了画面整体颜色的统一,又为画面赋予了色彩的丰富感和韵律感。

(2)通过弱化一方的力量来协调补色对比。

与邻近色相比,补色具有更强的视觉冲击力,容易破坏画面平衡,因此我们通常会将一方进行弱化。图

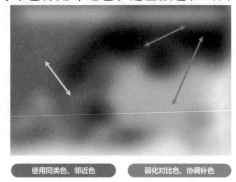

使用同类色、邻近色　　弱化对比色、协调补色

图7-38　同类色、邻近色与对比色

7-38中深蓝色与橙黄色是一对补色,将深蓝色作为底色,降低纯度并在上面用其他色彩进行疏密有致的点缀,这样就有效地降低了补色所带来的视觉刺激。

(3)使用无彩色进行调和:利用黑白灰等在众多色彩中做周旋,黑、白、灰,还有金银五种颜色都被称为无彩色,也称中性色。当画面中有两种强烈的对比色旗鼓相当时,无彩色的介入可以立刻让人从这种不安的感觉转为舒适平静,起到连接和调和的作用(见图 7-39)。

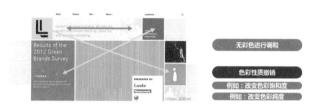

图7-39统一进行消色处理,是指统一对画面中所有颜色原有的色彩性质进行一定程度的撤销,同时使所有颜色统一地在

图7-39 使用无彩色进行调和消色处理

一定程度趋向于一种新的色彩倾向,从而达到使原有的色彩对比趋于统一与协调的效果。

在单色风格界面设计中,通常也会使用统一消色的方法,使界面中所有色彩趋向于同一种主色调。同时,无彩色的应用也可以给单色风界面带来丰富的变化(如图7-40所示)。无彩色对于视觉的审美感受主要有调和有彩色、象征独特情感两方面的作用,就相当于画面的调节器,可以使界面风格更加协调和统一。黑白灰任意一个由彩色相配都是协调的,黑色给人感觉庄重、肃穆,或是冷酷、个性的感觉;白色给人明亮、清爽、安静轻快的感觉;灰色作为中间色,给人以柔和多变的感觉(如图7-41所示)。

图7-40 界面中对无彩色的运用　　　图7-41 无彩色在界面设计中的应用

(图片来源:QQ音乐APP)　　　(图片来源:纪念碑谷APP、ONE一个APP、腾讯QQ)

对于用户来说,与丰富的色彩感受所带来的绚丽、活跃、雍容之感不同,

单色风总是给人以简约、干练、明快的感觉,极具现代感、时尚感和专业感。因其颜色统一整体,在视觉上非常具有冲击力。单色风不等于不使用色彩变化,局部变换颜色、适当地调整明度和饱和度,可以丰富画面气氛,不会让用户感到呆板。如图 7-42 所示,整个界面采用黑色作为主色调,图标则用了鲜艳明亮、纯度较高的粉色、蓝色、黄色,体现出抖音时尚、年轻、娱乐性强的特点。不同明度色彩的运用,也给画面带来了丰富的变化,使其给用户的视觉体验不至于太过呆板和无趣。

图 7-42　单色应用界面
（图片来源：抖音 APP）

除了色彩之外,丰富的明暗变化也可以表现出不同的交互界面风格。如同许多传统艺术家们在绘画上对光影的运用,设计师们也常常通过明暗来营造美感。在众多界面设计作品中,明暗关系主要以主要手段和辅助性手段这两种方式来发挥塑造美感的作用。第一种是围绕明暗效果来组织其他设计元素;第二种则是以隐秘的方式出现在画面的背景或是局部之中,使其整体的视觉感受更丰富、层次感更细腻。在设计过程中,设计师通常会使用一些方法来创建明暗布局,比如:添加半透明图层;利用照片原有的明暗美感;通过色彩渐变创建明暗;通过其他元素的运用来创建明暗关系等。除了界面,图标设计中也经常会利用明暗和光影来营造丰富的视觉效果。光影明暗的变化会使用户的视觉中心随之发生改变,所感受到的空间位置也会有所不同。

5. 常见的色彩搭配类型

（1）简约质朴类型:简约质朴型的色彩搭配当然要以简洁为主,尽量使用简单的色彩,通常以白色背景为主,通过辅助色增加层级感。设计中保持统一色调,适当降低色彩的饱和度,做到这几点基本上就可以打造出简约清爽的视觉效果。每一类 App 都有不同的风格,如图 7-43 所示的健康管理类 App 界

图 7-43　简约质朴类型界面

面,采用简约质朴类型的设计,配色以蓝色和粉色为主,较为简单,没有使用过多的颜色。

(2)活泼愉快类型:活泼愉快类型的色彩搭配需要饱和度高的糖果色系来营造轻松愉悦的色彩氛围。设计中采用对比度强的色彩,对比度较弱、沉闷的色彩则作为点缀、辅助以及背景色彩使用。如图7-44所示的相机和游戏App,都属于娱乐类,在色彩运用方面,大面积采用了饱和度和明度都比较高的色彩。

(相机类APP界面) (游戏类APP界面)

图7-44 活泼愉快类型界面

(3)神秘感类型:金属光泽、冰冷、暗沉的颜色更容易让人感觉到神秘感。如图7-45所示,三幅图都是游戏《纪念碑谷》中的界面设计。这个游戏中的界面不论是从配色还是从图形上来看,它都在为用户营造一种神秘的氛围,这与其游戏背景和故事剧本相匹配。它对色彩的应用极致而唯美,吸引了大量忠实玩家和粉丝,同时也成为很多设计师学习的对象。

图7-45 神秘感类型界面

(4)现代感类型:现代感的颜色通常是都市化背景下时尚缤纷的颜色。如图7-46所示,3个界面都是新闻类的App界面,通过使用传统的红色,同时和其他色彩结合,使整个界面显得更加成熟,并且具有现代感。

图 7-46　现代感类型界面

7.4.2　UI设计元素及风格借鉴

界面是由其构成元素通过合理的布局来呈现在用户面前的,本节对界面组件及几种常见的设计风格进行详细的说明。

界面组件包含:图标、控制元素、筛选器、表单控件。

1. 图标

图标(icon)在科技化的背景下泛指所有指示标志,狭义上指网络界面和移动界面上引导用户操作的图标[①]。

图标要有清晰的识别性,简单来说就是通过与目标外形相似的元素来设计图标,让用户容易辨认,在看到图标时可以清楚地知道其准确含义,便于用户的操作及做出正确的选择和判断。有趣的图标能够为界面增添动感,交互性更强,更易于在众多设计中脱颖而出。App图标在视觉设计上还要具有艺术性和美观性、表现力和感染力,符合当下的大众审美。如图 7-47所示,优秀的用户图标给人舒适的使用体验。应用图标的设计要基于美学原则,落实到设计中就是要协调好字体、图形和颜色元素之间的大小比例、颜色搭配等方方面面,即使每个App图标并不大,设计师也要进行精致的设计。此外,任何设计都要注重对知识产权的保护。

图 7-47　图标美观性原则体现

---

①罗晓萌.智能手机App图标的设计研究及实践[D].济南:山东师范大学,2015.

2. 控制元素

如果有任务或进程正在处理中,界面上就会出现正在加载的图标,但没有明确告诉用户等待的时间或进度。如果想要明确表达任务进度,则可使用"进度指示器"(见图7-48)。

图 7-48 进度指示器

控制器包括页码控制器、刷新控件等。页码控制器用于显示共有多少页视图,对于当前展示的视图起到一个提示的作用,可以将页面进行切换的同时展示视图的顺序。如图7-49所示,一个圆点代表着一个页面,圆点的顺序与视图的顺序相同,当前打开的视图则用高亮圆点标注。

图 7-49 页码控制器

开关也称切换器,用于切换两种互斥的选择或状态。如图7-50所示,用户滑动或点击开关按钮可以切换状态。

3. 筛选器

筛选器又叫筛选工具,常用的工具可进行日期时间选择、选项选择、地区选择等。当用户对整组值的内容都有所了解时,使用筛选器更加合适,如图7-51所示。但如果需要展示非常大量的值时,建议使用表格,方便用户滚动翻页。

图 7-50 开关

图 7-51 筛选器

4. 表单控件

表单控件分为选择框、文本框、下拉框、表格等工具。单选框适用于一组相关但互斥的选项中;复选框适用于一组相关但内容不兼容的选项中;文本框是让用户输入文本的区域;下拉框又叫下拉菜单,用于从一组互斥值列表中进行选择;在应用中,如果有很多信息需要归类,并且这些信息归类的维度很多,就需要使用表格的形式把这些信息归类。如图7-52所示就是表单控件中的单选框,选中状态与非选中状态应该有着明显的区别。

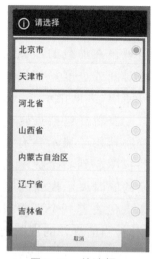

图7-52　单选框

5. 风格借鉴

界面设计的发展催生出各种样式的设计风格,交互设计也从最开始的风格借鉴到逐渐形成自身设计风格。如今界面设计中讨论度较高的风格有拟物化风格、扁平化风格、手绘风格、摄影风格、设计师个人风格等。风格是为界面设计的用户体验服务,同样要注意用户的体验和反馈。

(1)拟物化风格:拟物化风格的图标通过设计模拟现实物品的造型和质感,让用户感觉到熟悉和亲切。但不等于直接把实物照搬到界面中去,设计师还需要对其进行适当的变形和夸张。图7-53中的这些图标都是以实物为原型通过简化和变形得来的,一眼就可以看出其所要表达的含义和内容。

拟物化风格在设计中模拟真实物体以及相关环境,如图7-54所示的读书App的书架界面,模拟了真实环境中图书在书架上的状态。拟物化设计风格非常容易识别,交互方式也会更加接近现实生活的交互方式,比如图书翻页的动画效果就是模拟纸质图书翻页,使用户拥有传统的阅读体验。拟

图7-53　拟物化风格的图标

图7-54　掌阅App
历史版本的书架界面

物化风格优点明确：图标容易识别、让用户有更加真实的视觉感受和操作
体验。

　　然而大量的拟物化图标和界面容易造成视觉上的疲劳，同时这种写实
的图标很难表现出抽象概念，如天气、音乐等，因此扁平化的设计开始流行
起来。

　　（2）扁平化风格：它忽略了物体高光、阴影等造
成立体感的效果，忽略大量细节，以平面剪影为基
础，用简单的色彩和层次，通过简单的元素表现按钮
和图标。如图7-55所示的这些图标，用不同的形状
的色块进行叠加，用户通过已有的认知和经验就可
以知道这些图标代表天气、相机、时钟、音乐、设置等
不同的含义和内容，但在扁平化图标的设计中，图形
的抽象度必须控制在一定范围内，否则识别度会降
低。如果用户无法识别出图标所代表的含义，那么
这个设计就会变得毫无意义可言。

图7-55　扁平化风格的
图标

　　（3）手绘风格：手绘风格兼容了拟物化风格和扁平化风格。手绘可以通
过写实的绘制展现出物品细节，也可以通过扁平化的设计使图标风格更加
鲜明。手绘风格能够表现出随
意性与个性化的情感，让用户感
受到轻松、浪漫，如图7-56所示。

　　（4）摄影风格：摄影风格是
采用摄影图片，通过对摄影图片
进行修剪和美化作为图标，增强
图标的识别性，作为页面背景则
更容易烘托氛围，让整个应用的
阐释更加准确和轻松（见图7-57）。

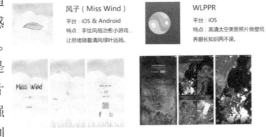

图7-56　手绘风格的图标

　　（5）设计师个人风格：扁平化风格是主流的界面设计风格，虽然有简洁和
可识别性较高的优点，但随着市场的快速发展，越来越多的图标和界面开始趋
于同质化，造成审美疲劳。某些设计师创造了属于自己的风格，比如MBE风
格是由法国设计师MBE原创，作者于2015年年底在dribbble网站上进
行发布。简单来说，MBE风格就是扁平化的线框型Q版卡通简笔画（见图
7-58）。

图 7-57　摄影风格界面　　图 7-58　来自法国设计师 MBE 作品

7.5　界面设计技巧

7.5.1　插图和插画的使用

插画是近年来流行的设计技巧,可以用来塑造品牌形象、传递品牌性

格。作为一种个性化的表达方式,插画可以根据用户需求量身定制,因此会让用户感觉更加亲切。插画的风格也越来越多样化,除了扁平化风格外,还有 MBE 风格、漫画风格、民族风格、街头风格等等。如图 7-59 中所示的界

图 7-59　界面设计中插画的运用

面,以简单的插画很直观地表达了产品的类型,能够帮助用户快速理解。

7.5.2　深扁平化

扁平化的设计风格在流行多年后弊端逐渐显现出来,我们所见到的很多平面设计几乎都在使用扁平化设计,因此这些设计开始趋于雷同,个性化逐渐缺失。所以越来越多的设计师通过加入光影、叠加厚度等方法和手段来增加界面的层次和维度,这种方法又叫深扁平化,既留有扁平化的影子,但是又在扁平中增加了立体感(见图 7-60)。

图 7-60 深扁平化设计

7.5.3 渐变色

渐变色依旧是各路设计师追捧的对象，在发展中不再只是追求简单的视觉冲击，而是将色彩与形状相结合，加入明显的光影，给界面带来丰富的层次感。如图 7-61 所示的界面中在主页面把流行的蓝色、浅蓝色和紫色进行了融合和渐变，色彩和视觉效果都很丰富。

7.5.4 2.5D 和 3D 界面

许多人对于 2.5D 的了解应该是从《纪念碑谷》这款游戏开始，其界面柔和、层次丰富、趣味性十足。随着技术和设备的完善，3D 效果也越来越多地出现在应用界面的设计中，这种趋势也使得 C4D 这款工具软件成为 UI 设计师的加分项（见图 7-62）。

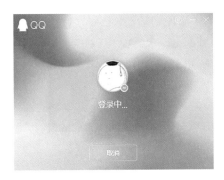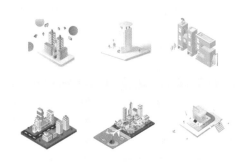

图 7-61 渐变色的应用   图 7-62 2.5D 和 3D 界面对比

7.5.5　动画效果和视频背景

现在动效的应用非常广泛,这些动效给应用或网页增添了许多趣味性。动画能传递更多的信息,接下来我们就需要对动画效果有更深入的探索,让其不再只是一个可有可无的界面装饰,要让动画真正拥有自己的体系,参与到交互的各个环节中去。而在 UI 设计中加入视频,有研究表明可以有效增加用户在该页面的停留时间,是有效传递信息的好方法。

7.5.6　关注设备变化带来的全新体验

人类技术更新迭代的速度目前越来越呈现出打破摩尔定律的趋势,技术的变革带来的设备推陈出新更是引领着新的体验,界面设计不仅要关注自己的本身内涵,也可以借用与设备的互动营造出特殊的效果。比如折叠屏手机(见图 7-63)和屏下摄像头等新的"黑科技"已经逐渐进入设计师

图 7-63　一款折叠屏手机

的视野,越来越多的新玩法等待设计师去挖掘。

7.5.7　AR/VR技术

AR/VR 技术已经到达了新的技术成熟期。AR 技术早已经在手机 App 中玩出了不少花样,红极一时的支付宝"扫五福"活动和制造了万人空巷的 *Pokémon GO*(见图 7-64,口袋精灵)就抓住了 AR 技术的尾巴。而 VR 技术对设备要求较高,目前还没办法完全普及,但是用户对这种技术的畅想和热情只是蕴藏起来等待发掘,VR 技术融入界面设计也将会是未来一段时间的流行趋势。

图 7-64　*Pokémon GO*

7.6　本章小结

界面设计是整个交互设计工作中最前端的部分,直接影响用户对整个

产品的体验，具有相当高的重要性。本章从界面设计概述入手，破除了大家对界面的惯有思维，了解了界面设计工作的一些基本知识。界面设计不只是视觉设计，作为用户体验要素表现层的一部分也与界面交互、布局或导航等密切联系，因此有全面的界面设计规范和原则做指导。

　　本章就界面设计的具体工作展开，从界面布局设计、风格设计两个重要的方面剖析了如何进行界面设计。本章最后结合当下的 UI 设计发展趋势以及行业经验给出了界面设计的技巧作为设计的建议。当然，技巧是次要的，真正重要的是对用户的充分尊重和了解，才能打造界面设计的完美体验。

功能树

界面设计流
程实例

第8章

交互实践：体验原型设计

信息架构设计实现了设计师创新设计和用户对话的第一步，但是信息架构的本质是虚拟的，就算是完整的信息架构图也未必能让用户理解整个设计。不仅是用户，信息架构到完整的交互产品还需要界面设计师等做其他工作，信息架构面临着同一个表现模型和多个心理模型理解上的鸿沟。此时我们急需一个看得见摸得着但是又不用大费周章的"产品"来填补鸿沟，这就是体验原型。

8.1 原型概述

8.1.1 原型的诞生

如本章开篇描述内容，为了更加系统地描述需求，便于展示前期设计效果，确保 UI 设计师、开发人员之间进行准确的交流，设计中需要用到产品原型来实现上述功能。从宏观角度来讲，原型是一个交互产品的框架设计，它着重反映整个应用各个功能之间的联系，同时也反映出一定的交互方式，例如：页面的布局、功能的展示、页面之间的跳转联系、基本的色调及色彩搭配等。通过原型，用户和其他利益相关者能够了解这个交互产品的使用方法，同时通过原型发现设计中的问题以便于更改，这样可以提高整个设计过程的效率。

在实际开发应用的过程中原型设计的作用是显而易见的，它不仅可以帮助设计师理清自己的设计思路，同时也可以帮助设计师讲解自己的设计、减少不同工作之间的沟通障碍。当我们需要对比不同的设计方案时，原型设计的经济和高效给了设计团队更多的试错机会。最后当我们确定方案要进行可用性测试时，原型设计呈现给用户一个看得见摸得着的产品，所以原型设计可以无限接近最终的设计,是设计概念和用户对话的重要工具。[①]

8.1.2 原型的分类

原型在诞生之初,由于受到技术和成本的影响,多数设计师选择用纸面绘图的方式设计,该种原型叫纸面原型。随着软件技术的发展,作图工具越来越多,设计师们充分发挥聪明才智,使用作图工具来制作原型界面,直至今日我们较多使用的都是这种数字化的原型。在数字原型时代,原型的精细程度和呈现效果也是参差不齐的,因而又用保真度来区分原型类别。根据保真度对原型的定义,纸面原型因为保真度较低也被归类为低保真原型。

原型的保真度介于一个连续的区间,可以无限接近最后真正的设计,与最终用户用到的设计越一致,原型保真度越高。设计原型保真度的选择取决于原型的用途,如果产品开发团队想对整个产品的功能和交流流程进行评估,那么低保真度的原型设计就能满足需求。如果是要给邀请的用户试用,保真度越高的原型能提供越真实的交互体验。如图8-1所示就是同一个交互界面的两种不同保真程度的原型设计。

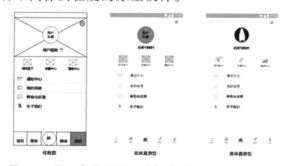

图8-1 同一交互界面两种保真度的原型界面

低保真原型的优点简单概括就是内容和信息清晰、制作便捷快速,尤其是在初步表达设计思路与概念的时候这些优点更加明显。另外,低保真原型有利于团队内部的沟通,减少了很多时间成本和制作成本。低保真原型的缺点对于交互界面而言也很明显,黑白的界面无法表现最后的色彩效果和风格。

相比之下,高保真原型就解决了界面表现不足的问题,充分融入了对视

---

①Dan Saffer. 交互设计指南[M]. 2版. 陈军亮,陈媛源,李敏,等,译. 北京:机械工业出版社,2010.

觉因素的考虑。高保真原型不只是静态画面,还有较强的互动性,用户可以像真实操作软件一样完成各种交互,例如点击页面使页面跳转、滑动页面、点击图片等。高保真原型与最终产品的形态接近,用于检验最终产品,亦可作为产品开发的标准。但是由于高保真原型开发需要花费不少的时间,实际的设计工作很多会弱化这一步。

某些交互系统与用户的接触点不止数字化的交互界面,还有产品部分。在这种交互系统中,硬件产品也是用户能感受到的部分,因此也需要制作原型(见图8-2)。硬件原型是利用制造、电子等技术实现最后产品功能的原型技术。

图8-2　硬件原型设计

8.1.3　原型的设计

从信息架构到完整的原型设计,基本要经过如图8-3所示的流程。在了解用户需求,并建立流程框架图后,设计师可以用草图的形式提炼设计思维,尽快导出想法,所以美观并不是主要的目的。接下来是对草图方案的演示与评论。演示与评论的目的是发掘设计中的闪光点。演示与评论的结果如果没有异议,就可以开始设计制作原型。制作过程需要考虑实施的细节,

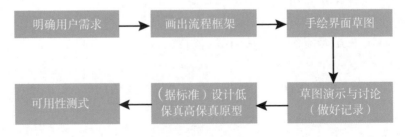

图8-3　原型设计流程

即使是低保真原型也不能漏掉任何一个按钮或者图标,同时低保真原型也需要合适的表达方式,既要清楚传达意图也要保证制作效率。制作过程中可以邀请用户参与测试[①],通过音视频捕捉、观察、记录使用原型的反馈。

原型制作属于较为前端的设计工作,具有承上启下的作用,一方面有信息架构的限制,另一方面又要在界面布局和交互上为用户创造创新的体验,可谓是"戴着枷锁在舞蹈"。原型设计要尽量满足:

(1)逻辑清晰的流程。原型设计需要对整个交互系统有全面的了解,从而创建流畅的页面操作。具体的方法可以按照功能主次、操作主次、用户需求主次划分页面的等级。设计可用的技巧有流程图等方法,通过文字和具有等级的线框简明地反映各个页面之间的关系,线框图不仅可以帮助用户了解应用的具体功能和页面设计,同时也有利于设计师之间的方案讨论,从而完善逻辑。检验办法是邀请用户进行任务的流程操作,如果中途出现阻碍则说明页面的流程存在可用性问题。

(2)合理的页面布局。合理的页面布局不仅要照顾用户视觉习惯,如果交互界面需要交互时还应考虑用户的生理尺寸。具体的设计技巧包括对用户进行人机工程学的测量和实验,如图8-4所示,检验页面布局是否合理,可以使用眼动仪或者页面热力图反应用户的操作。

图8-4 眼动仪和页面热力图

(3)批注及充分的交互说明。很多情况下,设计师没有足够的时间去精雕细刻,此时为了准确地表达想法,就要用到批注或文字说明。虽然产品原型中的图片、功能和交互能够很好地表达设计师思路和观点,但是一些特殊场景下,简单的文字说明,能够让技术开发者更快、更好地理解设计师的想法。

(4)统一的规范和风格。对交互界面或产品而言,一致性是需要达到的目标之一,避免同一个交互产品中出现完全异调的界面,有利于减轻用户认知上的麻烦,给用户创造良好的体验。

好的原型不仅可以节省交互产品整体的开发时间与成本,还可以提高

①Alan Cooper,Robert Reimann,David Cronin,等.About Fare 4:交互设计精髓[M].倪卫国,刘松涛,杭敏,等,译.北京:电子工业出版社,2015.

各个页面之间交互、功能、联系的准确度,降低返工和缺陷修复的数量。一言以蔽之,好的原型用最少的成本讲述最直观的设计,让用户毫无困难地得到真实的体验。

8.2 低保真原型与高保真原型

低保真原型

8.2.1 低保真原型

低保真原型重点表现产品的功能和基本的交互过程,是对产品较简单的模拟,通过快速的组合将低保真原型元件有序地集合在一起。低保真原型的功能主要是表达产品的外部特征和功能构架,使用简单的设计软件等工具快速制作出来,用于表现最初的设计概念和思路。低保真原型常表现为静态的界面画面,设计师通过文字标注和流程图示,将静态的界面图连接起来演示完整的功能。

简单的产品原型可以作为设计师与用户沟通的桥梁,帮助用户和设计师双向表达其对产品的期望和要求。如图 8-5 所示是低保真原型基本的页面布局,界面中具体元素的设计被相应的占位符所代替。低保真原型对产品进行简单的模拟,这些低保真原型可基本表达整个页面的概念和最初的设计思路。

图 8-5　一个完整功能的低保真原型

我们可以通过纸面画出低保真原型,纸面的低保真原型制作方便、所需时间成本少、经济成本低,可使程序员快速理解设计方案。对于用户需求,设计师应尽量地发散思维,设计出尽可能多的方案。从主到次,从大到小,将交互过程和想法一步一步地通过笔在纸上描绘出来,通过产品线框图、符号、文字来展示产品的界面、布局,并用文字描述某些功能是如何操作使用的。利用纸质材料绘制原型,不受硬件或软件的限制,但是需要一定的基本功、绘画能力和想象力。当然,纸面原型也有不少缺点,容易丢失、不适合无纸化的办公和传递、不能在一张纸质原型设计上进行反复修改。但纸面原型仍然存在其不可或缺的优势,比如纸质原型的灵活性,很多创业公司在甲方没有特殊要求的前提下会使用纸面原型来代替高保真原型,当纸面原型在替代高保真原型时,就对纸面原型提出了更高的要求。现在市场上有很多辅助纸面原型设计的工具,可以快速地套用模板进行绘制。很大一部分人不具备手绘能力,而避开绘画技能的限制也可使用这些工具。如图8-6所示,是由 Suki Kits 公司生产的原型设计模板套装。利用这些工具可以准

确画出应用的真实大小,有助于进一步的细节推敲,也确实能达到快速精确、标准的效果。但是设计师绘图局限性大,毕竟模板里的内容还是有限的,而且容易禁锢一定的概念设计、创意及思维想象力。

图8-6　原型设计模板套装

　　软件开发行业迅速发展,互联网公司较多使用软件绘制低保真原型。设计师只需拥有一台电脑便可以轻松制作,方便展示。目前专业原型制作软件已经很成熟,并考虑到设计师的需求,所以操作简单。相比于纸面原型"手把手"的模式,软件原型利用复制粘贴的操作就能完成大部分重复的界面或元素绘制。软件原型同时具备撤销功能,这是纸面原型绝对达不到的。最重要的是生态问题,在软件中制作低保真原型可以导出 HTML 或 PDF 等通用的文件,利于远程和跨平台的交流协作。

8.2.2 高保真原型

　　在设计的基本定位、基本形式以及基本框架形成后,可以制作高保真原型查看产品的最终效果。在快速和低成本的开发时代背景下,低保真原型通过测试后可以直接交付 UI 设计师进行下一步工作,然后配合开发人员进行制作,最后再利用反馈对其修改,直接跳过高保真原型这个阶段。但是一

个慎重的项目开发需要对整个产品或者产品的重要部分进行高保真原型的设计和测试。

如图 8-7 所示的高保真原型,是接近最终产品的原型,细节、视觉性丰富完整,包括了产品的所有功能与交互动作、细节。使用高保真原型主要有两个好处:第一是利用高保真原型梳理细节,通过高保真原型可以提前发掘产品潜在的问题,以进一步修改。第二则是通过高保真原型,用户与设计者可以更清楚地了解产品。高保真原型的侧重点是视觉效果与细节的呈现,通过高保真原型可以看到未来真实产品的样式。但是高保真原型修改成本高,需要消耗大量精力在原型图的制作和交互动作的制作上,因此容易让设计者对产品最核心的结构、框架、流程思考不够。一般而言高保真原型建立在低保真原型基础之上,经过低保真原型的模拟之后再继续制作。另外,在制作高保真原型时要避免对低保真原型的重新定义和没有思考的修改,高保真原型也不要陷入吹毛求疵的状态,否则项目的进度会变得很缓慢。高保真原型虽然很贴近真实产品交互,但是需要说明的地方仍需要专业的说明文档。

图 8-7　高保真原型

和低保真原型制作不同的是,高保真原型只能使用软件完成。为了实现原型的交互功能,就不能只停留在基本的布局和页面级别的操作上。目前有很多可以实现高保真原型效果的制作软件,如图 8-8 所示,可以使用 Axure RP、Mockplus、墨刀、Adobe XD 等原型工具。

图8-8 高保真原型工具

　　高保真原型是对具有相当保真性原型的统称,但是高保真原型之间也存在保真程度和级别的问题。根据仿真程度的不同,我们会选择不同的设计工具,如图8-9所示。高保真原型工具分为交互原型设计工具、手机原型设计工具、网页原型设计工具、静态原型工具和动态原型工具。①交互原型设计工具,仅限于页面交互,这一类工具主要是构建页面之间的交互,其本身不能进行组件的制作和设计,需要利用其他软件进行设计,比如:PS导入设计图,对已有设计图创建热点,从而进行交互设计;②手机原型设计工具,这类工具内置了制作手机原型的组件,可以创建和编辑组件,设计时可以选择不同的手机模型,手机预览时很方便;③网页原型设计工具,这类工具比较适合网页原型的制作;④静态原型工具,这些工具整体来说操作比较简单,功能也比较简单,只能用于设计静态原型;⑤ 动态原型工具,这些工具功能比较全面,可以实现或简单或复杂的交互,学习难易程度也因工具而不同。高保真原型的软件工具多种多样,需要设计者根据自己的情况和具体需要进行筛选。

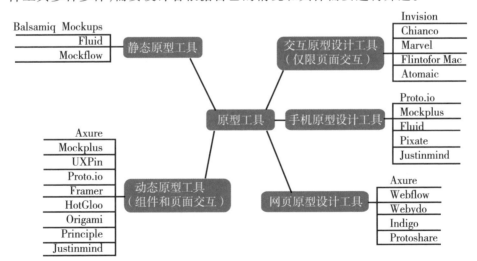

图8-9 原型工具的选择依据

8.2.3 高保真低保真原型结合

将低保真原型和高保真原型进行对比可以得出,低保真原型侧重于核心功能和产品框架,高保真原型侧重于交互和视觉呈现。低保真原型的优点是制作快速且易于修改,高保真原型的优点是具备完善的细节,沟通成本低。同时,低保真原型的缺点是缺乏细节,沟通成本高,高保真原型的缺点是需要一定的修改成本。在设计过程中对比两者的优缺点并结合使用,有利于发挥各自的优势,提高设计效率。

8.3 硬件原型开发

8.3.1 Arduino 平台简介

Arduino 是一块基于开放源代码的 USB 接口 Simple I/O 接口板,并且具有使用 Java、C 语言的 IDE 集成开发环境。用户可以快速使用 Arduino 语言与 Flash、Processing 等软件,做出人机互动作品。Arduino 可以使用开发完成的电子元件例如 Switch、Sensors 或其他控制器、LED、步进马达或其他输出装置。Arduino 开发 IDE 接口基于开放源代码,可以免费下载使用开发出更多令人惊艳的互动作品。简单来说,设计师可以通过 Arduino 板子连接一些装置(例如红外开关、压力传感器、LED 灯等),然后通过编写程序将硬件装置和 Arduino 板子连接起来,实现预想的功能。[①]

Arduino 系列的控制器有很多特点,掌握了这些特点有利于设计师更加了解 Arduino 控制器,同时也可以让设计师在了解 Arduino 控制器的基础上运用简洁的方法更加迅速地完成设计,以下就是 Arduino 系列控制器的特点:开放源代码的电路图设计,程序开发接口免费下载,也可依需求自己进行修改;可用 USB 接口供电,也可外部供电,双向选择;Arduino 支持 ISP 在线烧写,可以将新的"BootLoader"固件烧入 AT mega168 或 AT mega328 芯片。有了 BootLoader 之后,可以通过 USB 更新程序;可依据官方提供的 Eagle 格式

---

①王晓慧,覃京燕,姜欣雨,等.基于 Arduino 平台的交互原型设计研究[J].包装工程,2018,39(6):133–138.

PCB 和 SCH 电路图,简化 Arduino 模组,完成独立运作的微处理控制。可简单地运用传感器,连接各式各样的电子元件(红外线、超音波、热敏电阻、光敏电阻、伺服舵机等);支持多种互动程序,如 Flash、Max/Msp、VVVV、C、Processing 等。

由于 Arduino 系列控制器具有上述优势,同时随着工业 4.0 的到来,人们越来越追求产品的个性化,强调人和产品之间的互动性。早期交互设计的学生,都是信息和计算机技术的爱好者,为了能够在产品和人之间形成一个可交互的系统,他们通过手工自制的方式制作了一个控制器。但是大部分设计师不具备这样的技术。通过不懈的努力,伊夫雷亚交互设计研究所的 Massimo Banzi、David Cuartielles 等 5 人在 2005 年设计制作了一个通用开发板 Ardunio,使用 Ardunio 制作作品或开发产品时其优势是很明显的,首先,开发方式简单清晰,对于初学者来说极易掌握,同时具有灵活性,Ardunio 语言是基于 Wiring 语言开发的,是对 AVR-GCC 库的二次封装,不需要太多的单片机基础、编程基础,经过简单的学习后你也可以进行开发;其次,Ardunio 可跨平台使用,Ardunio 可以在多个系统上运行,而其他大多数控制器只能在 Windows 系统上开发。

8.3.2 Arduino 套件能实现的功能

Arduino 可与多种元件结合实现多种功能,如图 8-10 所示,Arduino 常与这些元件结合。图中所列出的是一部分常见的和 Arduino 结合的元件和传感器,在实际制作中可以根据需要购买和自己设计相关的元件和传感器。

常与Arduino板子结合的元件		
①温度传感器模块	②震动开关模块	③霍尔磁力传感器模块
④按键开关模块	⑤红外发射	⑥无源蜂鸣器
⑦激光头传感器	⑧三色全彩LED	⑨光折断器
⑩双色LED模块	⑪有源蜂鸣器模块	⑫模拟温度
⑬温湿度传感器模块	⑭三色LED模块	⑮水银开关
⑯光敏电阻	⑰5V继电器模块	⑱倾斜开关模块
⑲迷你磁簧模块	⑳红外接收模块	㉑双轴XY摇杆模块
㉒线性磁力霍尔	㉓大磁簧模块	㉔火焰传感器模块
㉕魔术光杯模块	㉖数字温度传感器	㉗双色LED
㉘敲击传感器模块	㉙避障传感器模块	㉚寻线传感器模块
㉛七彩自动闪烁LED	㉜类比霍尔磁性	㉝金属触摸传感器模块
㉞高感度麦克风	㉟旋转编码器模块	㊱手指侦测心跳模块

图 8-10 常与 Arduino 结合的元件

8.3.3 硬件原型开发流程

　　通过Arduino控制系统开发出来的产品其实就在我们的生活中,并且与我们的生活息息相关,在这一节中我们将介绍一些简单的制作流程让大家能够很快地制作出Arduino交互设计作品。垃圾桶是生活中必不可少的用品,现在我们就来制作一款Arduino控制系统垃圾桶,它具有以下功能:第一,垃圾桶盖子上有红外感应开关;第二,垃圾桶内垃圾装满时,盖子上方红灯亮起提醒用户倒垃圾。制作的垃圾桶的开发流程如下:首先,准备所需材料,如图8-11所示:LED灯珠,Arduino UNO R3、SG90 9g舵机、E18-D80NK漫反射式红外开关(开关1)、E3Z-D61 漫反射红外开关(开关2)、杜邦线21cm(母对母、公对公、母对公)、PVC板子、热熔胶(枪)、美工刀等;根据图8-12,使用美工刀在PVC板子上裁剪出所需形状;将Arduino板子用杜邦线与各个元件相连(见图8-13)

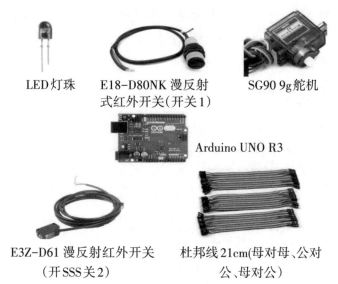

LED灯珠　　E18-D80NK 漫反射式红外开关(开关1)　　SG90 9g舵机

Arduino UNO R3

E3Z-D61 漫反射红外开关(开SSS关2)　　杜邦线21cm(母对母、公对公、母对公)

图8-11　所需元件

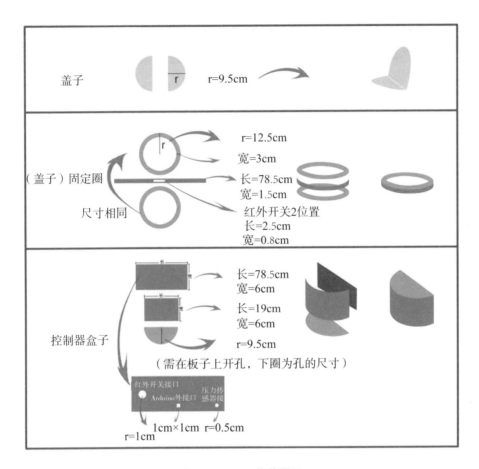

图8-12 PVC裁剪图示

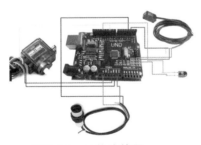

图8-13 元件连接图

实现功能需程序驱动,使用Arduino编程软件进行程序编写,将垃圾桶所要实现的功能编写为程序,写在以下对话框,如图8-14所示。

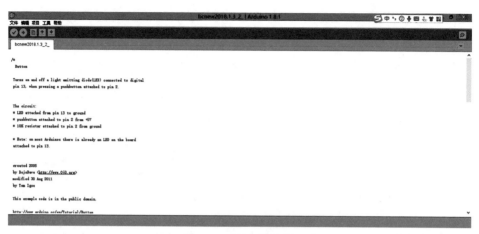

图 8-14　程序编写框

　　和界面的原型一样,硬件原型也需要测试。Arduino 原型测试首先将 Arduino 板子的 USB 接口插入电源,验证上述程序是否可行。如图 8-15 所示,硬件原型的测试主要是基于程序运行寻找问题。如果测试的硬件功能无误,就可以安装在机壳中。

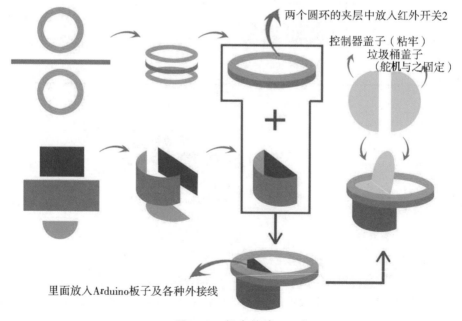

图 8-15　组合粘贴

　　如图 8-16 所示是智能垃圾桶的硬件原型设计,原型的功能实现部分由

Arduino 组件完成,外观部分直接使用了现有的垃圾桶产品,满足功能的同时具有较高的经济性。

图 8-16 利用 Arduino 开发制作的硬件原型

8.4 原型测试与迭代

8.4.1 原型可用性测试

交互设计的精髓如果是迭代和不断的升级,那么可用性测试则是孕育这种精髓的温床。可用性是指在给定的环境中,针对特定用户的既定目标,测试产品的有效性、效率和主观满意度。可用性测试需要邀请真正的用户或潜在的用户使用产品或设计原型,然后观察、记录、测量和访问他们在使用过程中的行为。从实际用户那里获取第一手信息,以了解用户对产品的需求。并作为改进产品设计的起点,根据实际用户的使用习惯,提高产品的可用性,减少用户在使用中的挫折感。[①]

8.4.2 可用性测试的方法

可用性测试的方法多种多样,从小规模到大规模,从短时间到长时间都有可用的测试办法,如表 8-1 所示为部分可用性测试方法的汇总和对比分析。

---

①顾振宇.交互设计原理与方法[M].北京:清华大学出版社,2016.

表 8-1 可用性测试的方法

测试方法	方法介绍	优点	缺点	适用场合	常用方法
DIY轻量化测试	DIY轻量化测试是指利用既有资源和人群设计一场简单的定性测试	短周期、低成本	规模小、评价范围较窄	可用性测试阶段	
分析法	可用性工程师及设计师等专家,基于自身专业知识和经验,进行评估	耗时短、费用低、评价范围广泛	评价结果是假设的、具有主观性	可用性检查阶段	专家评审、启发式评估
实验法	通过用户测试收集真实的用户使用数据	评价结果真实、具有客观性	耗时长、费用高、评价范围较窄	可用性测试阶段/用户测试阶段	问卷调查、卡片分类、面对面测试、远程测试、A/B测试、纸张原型测试
发声思考法	让用户一边发言一边操作的方法,在操作过程中说出心里想的内容	成本低、灵活性高	被测试者易受影响、会过滤观点	用户测试阶段	
回顾法	用户操作完后回答问题的方法	用户掌握程度真实、具有客观性	耗时长、难以回顾复杂的情况	用户测试阶段	

1. DIY轻量化测试

DIY轻量化测试指的是利用既有的资源和人群设计一场简单的定性的测试。其基本原理是替代,在看清根本价值的基础上,向短周期、低成本的方向灵活地发散思维。利用现有的资源去替代非常正式的可用性测试所需要的条件。DIY诞生在小项目环境中,要去实施成本高昂的用户测试是根本不可能的,但是也绝不能因为没有预算而放弃测试。通过自己的人脉寻找参与者,并坐在一旁观察参与者的操作。DIY轻量化测试的四个要点如下:

第一,充分利用人脉,著名的六度空间理论告诉我们通过6个人就可以认识世界上的任何一个人。也就是说,我们和世界上的任何一个人都存在着间接关系,如果充分利用人脉,我们可以结交出超出想象数量的人。在正式的可用性测试中我们需要招募测试人员,并对这些人员进行用户调查等相关工作。而在DIY测试中,我们可以利用人脉来招募参与者,也就是身边你的朋友、朋友的朋友,只要符合条件都可以马上邀请其进行测试。

第二,有效利用日常用品,在没有设备齐全的可用性实验室的情况下,我们需要利用日常用品。比如,使用活动隔板把会议室布置成简易的实验室,用普通的笔记本代替测试用的机器,用手机代替专业摄像机。

第三,用原始的分析方法。很多人对数据分析的概念保持在使用造价高昂的专业分析软件设计了一个复杂的对数据进行分析的画面。值得注意的是，定性的数据是不可以拿来做运算的。虽然从效率的角度出发，会在分析时使用计算机，但本质上，计算机并不会帮你分析。我们应该将数据碎片化后写在纸条上、贴在墙上或者白板上，然后用设计师的头脑去分析。

第四，重视与测试对象对话，做可用性测试的根本目的是为了提高产品的质量，所以与其把精力放在怎么撰写测试报告上，还不如用心进行当下的测试。

2. 分析法

第二种可用性测试的方法是分析法。分析法是一种让工程师及设计师等专家基于自身的专业知识和经验，进行评价的一种方法。分析法所花费的时间和费用较少，而且可以快速地得到测试结果，评价范围较广，对于那些无法使用数据手段评价的目标也起作用，并且不受时间的限制，DIY轻量化测试法必须有可靠的原型才能进行测试，但是分析法在任何时期都可以进行测试。但是这种方法也是有缺点的，通过分析法得到的测试结果，是分析者本人的假设或者观点，可能会出现意见的分歧。因为分析法不是基于数据的评价，所以在意见不一致的时候，并不能够提出支持自己意见的有力证据。分析法中的很多观点都是人产生的，没有科学实验作为验证支撑，因此这也容易造成误区。评价结果是假设的，与上面一点很相似，由于没有科学的验证，所以结论甚至可以视作"伪结论"。由于评价法有太强的主观性，因此我们建议要专业的人员对概念和想法进行测试、评估，最好选择多位专家匿名参与评价，这样评价的结果更为客观有效。

3. 实验法

第三种可用性测试的方法是实验法。实验法收集货真价实的用户使用数据，比较典型的是用户测试法，即可用性测试。常见的实验法有问卷调查、卡片分类、面对面测试、A/B测试等方法。实验法有以下特点：实验法比较客观，主要是依靠实际的数据说话，评价结果比较真实。但是这种方法花费较长的时间和资源，有些项目组甚至因为没有设备所以无法进行实验；由于实验对于很多测试是无效的，所以其评价范围较窄，甚至只能评价一些与数据相关的设计方面；为了做评价，必须准备原型，而且是尽量贴近最终结果的原型。这个过程不仅耗费太大的成本，而且有返工的风险。如果用一句话来区分分析法和实验法，就是感性与理性的对比。

4. 发声思考法

第四种可用性测试的方法是发声思考法。发声思考法是让用户一边发言,一边操作的方法。发声思考法的一大特点就是让用户一边说出心里想的内容,一边操作。在操作过程中,用户如果能够说出:"现在我是这样想的……""我觉得下面应该这样操作……""我觉得这样做比较好是因为……"之类的话语,我们也就能够发现用户关注的是界面的哪个部分、他是怎么想的、又采取了怎样的操作等信息。这种测试方法并不局限于发现用户"操作失败了""在操作中陷入了不知所措的困境"或者"非常不满意"等表象,而是一种能够弄清楚为什么会导致上述结果的非常有效的测试方法。发声思考法首先观察用户是否独立完成任务,若用户未能做到独立完成,可以认为该界面存在有效性问题;若用户能够独立完成任务,那么接下来需要关注的就是用户在达到目的的过程中,是否做了无效操作,或遇到了不知所措的情况。如果有,那么这个界面就存在着效率问题;即使用户按照自己的方法独立并顺利地完成了任务,还要注意用户是否产生了不满的情绪。让用户用得不舒服的界面,都可以认为存在满意度的问题。

5. 回顾法

第五种可用性测试的方法是回顾法。回顾法是在用户完成操作之后回答问题的方法。在回顾法中,用户无须做特殊的操作,因此可以在比较自然的状态下实施。而且回顾法是在操作完成之后对用户进行提问,所以不用担心提出的问题会对用户的操作造成影响,这种方法更适用于经验尚浅的采访人员。回顾法的缺点在于较难回顾复杂的状况,在用户不能完成任务的情况下使用回顾法也很难找到真正的原因。即便在询问为什么没有完成任务时,也很难得到答案,如果用户能够说清楚原因,肯定就能完成任务了。在回顾法中,用户经常会为自己的行为找借口,如果是发声思考法,用户在操作中遇到不知所措的情况会立刻说出来,但如果是回顾法,用户常常会在事后自行分析自己的操作,在进行某种总结后,把信息反馈给采访人员。而且用户很难记住自己在整个操作流程中的认知过程和情绪变化;回顾法非常耗时,回忆操作过程中,单纯靠记忆,不如给用户回放操作时的录像,这样可能更容易获得详尽的答案。但另一方面也会发现,这样做会消耗非常多的时间。

以上这些可用性测试的方法简单易行,同时各有所长。大家可以综合使用这些方法。比如,在概念的前期阶段,使用分析法对初步的概念设计进行评估。而原型设计比较成熟的时候,或者是对项目中某个设计进行修改和迭代,则可以使用实验法。总之,没有一种方法是万能的,也没有一种测试能涵盖所有方面。

8.4.3 原型迭代

迭代是每个软件产品都要经历的优化过程,简单来说一款软件从0到0.1叫作原型制作,从0.1到1就叫作迭代。每一款产品在投入市场前都对目标用户及市场环境进行了充分的分析和了解,但是随着时间的变化,目标用户和市场环境等因素会由于各种原因的影响而改变,这时就需要软件进行迭代升级来满足用户不断变化的需求,简单来说迭代就是需要不断地进行"设计—测试—再设计",如图8-17所示为原型迭代过程。

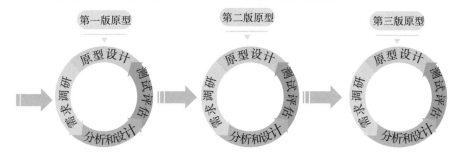

图8-17 原型迭代过程

那么是不是制作原型和进行迭代设计的时间用的越久就说明产品设计的越精细、越符合用户和市场的需求呢?当然不是,斯坦福大学的Steven Dow(2011)等人通过对比试验,证实快速迭代的效果优于谋定而后动的传统设计方式。原型制作和迭代之间有着密不可分的关系,因此,不仅在迭代的过程中要讲究快速,而且在原型制作中也要迅速。由于心血辩护效应的存在,我们听不得任何人对精心打磨的设计指责。因此产品原型必须在尽量短的时间内完成,为后期迭代提供充足的有利条件。虽然产品原型要求在较短时间内完成,但并不意味着原型质量有损。

8.5 本章小结

本章中,我们了解了一些有关低保真原型、高保真原型、实物原型的开发,原型的可用性测试与迭代等知识。通过这一章节知识介绍,大家能够建立对交互设计设计流程的整体意识,以及每个流程中所需的软件工具的介绍,如果你对本章感兴趣,可以通过文中介绍的一些上手较快的高保真原型和低保真原型软件进行自学。同时,可用性测试和迭代,虽然在学习中接触的细节问题较少,但是可以通过查阅一些真实的互联网公司案例来对这部分知识进行进一步学习。

最重要的是,要对各种知识有一种好奇心,带着探索的意识去学习每节知识,针对软件的学习要经常练习,从中发现更多的功能,所谓熟能生巧,就是从每次的使用中积累而来的。

功能树

第9章

设计案例

9.1 创客实验室 App 案例——MyLab

9.1.1 设计分析

1. 背景分析

随着移动互联网的爆发式增长,随时随地获取信息的难度大大降低。在这种背景下,共享经济形式开始兴起并被社会所接受。高校实验室是高等院校教学和科研服务的重要机构,肩负着为教学、科研服务的重任,也是培养创新型人才的重要基地。根据统计,目前全国普通本科院校共拥有实验室达到 3.7 万多个,仪器设备总值达到 3700 亿元,工作人员达 24 万人,实验室在支撑人才培养、科学研究和社会服务方面的能力显著增强[①]。在这样的大环境下,高校学子能够通过实验室掌握到更多实际操作的正确方式。然而高校中仍然有一部分实验室出现被闲置的问题,本案例通过调研对高校实验室的现状做了更详尽分析,如表 9-1 所示。

表 9-1 实验室现状分析

分类	现状
开放性	相对封闭,开放机制不健全。高校大部分院系实验室是以专业为基础,依托原教研室建立起来的,为了方便管理,多数实验室有课才开放
管理	管理人员发展平台相对缺失 在实验室的宣传/运营方面也缺乏专业管理人员,从而导致仪器不能发挥长期高效使用的价值

①张春铭.高校实验室要成为突破关键核心技术的重要平台[EB/OL].[2019-05-31].http://m.sohu.com/a/317779838-243614

续表

分类	现状
设备/材料利用率	仪器设备重复购置,设备闲置现象严重,材料资源浪费严重。由于高校不同院系之间购置经费来源不同,院系之间管理相对独立,且社会服务较少,设备信息不公开。实验材料管理的信息不透明造成了实验材料重复购买,也给实验室造成了安全隐患

　　本案例将共享经济应用于高校实验室和科研中心,通过对高校实验室利用现状与用户群体的分析,得出解决方案,从而提出了共享实验室这一概念。旨在解决实验室闲置率高和师生需要本专业或跨专业上实践的帮助的问题,将实验室的利用率最大化,通过建立一个平台来平衡校方实验室和师生方的供需关系。实验室不仅仅作为一个学术化的实验场所,也能为高校师生提供日常的使用场地,帮助学子进行创新创业等多渠道发展。

　　2. 竞品分析

　　目前,国内共享实验室大多都是公司里提供的专业实验室。国内高校实验室共建共享一般划分为三种模式——高校内部的实验平台共建共享模式、高校与高校之间的实验室共建共享模式、校企合作的实验室共建共享模式[①]。如表9-2所示,是通过搜索关键词"共享实验室"得出的国内相关产品和主营业务信息。大部分是企业的精密仪器共享和负责整合资源的第三方平台,高校实验室则很少提供社会范围的共享。

表9-2　同类产品分析

共享实验室名称	主要服务范围和优势
米格实验室(全国,2016.6)	提供海量的仪器共享信息,机构入驻自营
牵翼网——"实验室共享经济"第三方平台(全国实验室入驻平台,2017.7)	中科院专业团队当实验助手,用闲置资源为企业创新服务
共享硬件实验室SHLab(深圳,2017.7)	为全球硬件创客团队提供专业的供应链管理解决方案,创客供应链O2O服务

[①]白洁,刘丽艳,吴素焕,等.高校实验室资源共享模式和管理机制的研究[J].实验技术与管理,2018,35(10):207-209.

续表

共享实验室名称	主要服务范围和优势
丘钛—西纬智能制造联合实验室(成都,2018.4)	提出"精密仪器社区共享"的理念,开放给区域内其他科研企业使用,共同推动成都智能制造、计算机视觉、人工智能行业的发展
厚德实验室租赁平台(无锡,2019.2)	故障模拟实验室,特色:多跨转子实验台
Lab Central(剑桥,2013.11)	Lab Central 是首个共享实验室空间,设计用作高潜力生命科学和生物技术初创公司的启动板,提供一流的设施和管理支持,熟练的实验室人员,领域相关的专家演讲系列。它为多达60家创业公司提供了完全允许的实验室和办公空间,其中包括大约200名科学家和企业家
Innovation Center(俄亥俄大学)	共享实验室为初创企业,行业和大学的研究人员社区提供最先进的化学和生化分析仪器。全职实验室主任对共享设备进行监督和培训,并协助客户的研究目标,进行故障排除和数据解释

通过收集国内外资料,发现米格实验室在移动端为用户提供了相关的共享预约服务,如图9-1所示,所以现对米格实验室的主要界面做简单的介绍和分析。

米格实验室是依托微信公众号做的平台。进入平台后,首页内容采用部分平铺的形式把热门的服务和仪器展示出来,运营内容大致分为三个模块:实验服务、热门仪器、共享仪器,如图9-2所示为米格实验室平台的信息架构图。可以看出米格实验室主要针对单个的实验仪器做共享,而不是一整间实验室。

首次进入平台浏览内容不需要账号登录,但当有预约需求后就需要绑定手机号和填写个人信息来注册。注册所填的信息繁多复杂,增加用户心理上的不安全感,降低了用户体验,如图9-3所示。

分析竞品能帮助设计者更理解设计背景,在以上竞品分析之后,可以了解到随着"211工程""985工程"、重点学科和重点项目的推进,高校科研设备的投入不断提高。然而设备使用率并没有一同提升,仪器设备信息交流渠道缺乏,需要使用设备的人,无法得到相关信息,而拥有仪器设备的单位,也很难找到需要仪器的人,闲置现象普遍存在[①]。市场上缺乏的是一个整合供需双方信息的平台,关于实验室的SWOT分析如表9-3所示。

图9-1 米格实验室—首页

表9-3 共享实验室的SWOT分析

项目	strength(优势)	weakness(劣势)	opportunity(机会)	threat(威胁)
共享实验室	宣传成本降低 管理方便 提高仪器设备利用率和使用效益 加强科研交流与合作 收益最大化	平台维护 安全维护 设备维护	校内合作 与其他高校合作 与其他企业合作	安全风险 设备损坏 设备丢失

---

①张荣华,魏星集,刘长征,等.提高仪器设备利用率,实现资源共享[J].科技信息:科学教研, 2008(20):524.

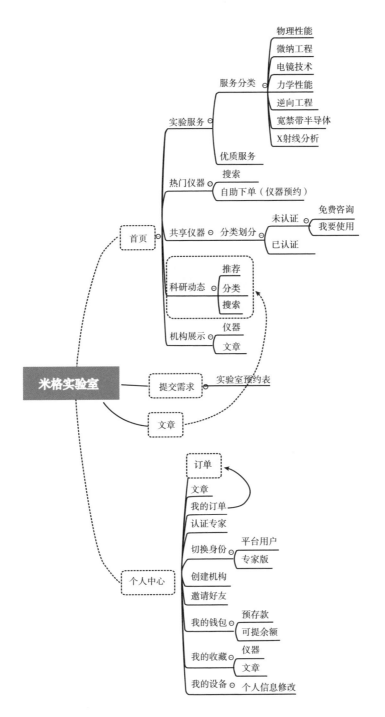

图 9-2 米格实验室架构图

图9-3　米格实验室—实验室预约

9.1.2　用户研究

用户研究有利于我们更好地理解产品所在的领域,用户的行为模式、心理特征,定义产品的目标用户群,从而明确、细化产品概念,使产品更符合用户的习惯、经验和期待,更好地推动项目发展,这是设计流程中非常重要的一步[①]。目前常用于设计用户研究的方式主要为定性研究,如访谈法、观察法、问卷法、可用性测试、焦点小组、卡片分类、任务分析等,定量研究主要是问卷调查后的应用社会学统计方法的应用,对调查结果进行量的描述和分析。在本次用户研究中,采用的定性研究方法为问卷调查法,在做问卷调查时,我们也结合了开放型的访谈法,帮助我们从被调查对象那里了解到一些我们不知道的关于实验室现状以及用户需求的信息,更有助于提高用户研究的效率,下一小节将会对本案例采用的这两种研究方法做详细介绍。

1. 研究方法

在此课题中我们采用最常用的问卷法进行定量分析来确定功能大致范

---

①张宝.用户研究中的背景资料分析与问卷调查方法[D].武汉:武汉理工大学,2009.

围,访谈法进行定性分析来挖掘用户的真实需求,卡片分类法来确定内容信息和语义传达是否符合用户认知,如图9-4所示为本案例的研究方法示意图。

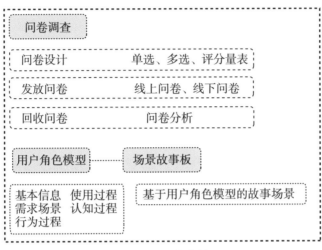

图9-4 研究方法

　　基于实验室的使用环境以及使用限制,课题对有实验室使用需求的人群进行问卷研究,了解用户的使用背景及需求,进而对使用人群进行主次分析,得出课题所需的目标用户。问卷调查的问题主要与课题的主要内容相关,选择对设计方案有影响的问题,可采用自由回答的方式,复选框与检查表可以让填写问卷的用户快速回答大量的问题,在多项选择问题的设计上,李克特量表(Likert scale)能够帮助我们筛选出较为精确的问题答案,详情见本节附录一(扫码可获取)。由于问卷调查最后会应用社会学统计方法进行量的描述和分析,问卷的回收样本回收量应当符合基本需求,一般对于实际的设计情形来说,建议回收的数量在50份左右。

　　本次问卷研究地点为西南交通大学犀浦校区内,拟投问卷为180份,其中网络问卷为100份,现实投放纸质为80份。

　　(1)问卷设计。问卷的设计可以规划几个部分,其中大多数问题都是封闭式问题,少量的列表评分和开放式问题。此问卷设计目的是了解学生在学习研究过程中对仪器材料的需求程度,问卷的部分内容如图9-5所示。

　　(2)问卷结果分析。本次问卷回收180份,回收率100%,其中有效问卷为112份,有效问卷回收率超62%。通过对问卷结果进行整理,将问卷结果可视化,得出师生们目前对使用实验室的疑问以及对实验室的未来需求。

尊敬的老师/同学:

我们是西南交通大学17级设计专业的研究生,由于课程需要,要进行一次共享实验室的App设计的调查问卷,故需要您的支持。本卷仅用于调查研究和学术交流,采用匿名方式,不会泄露您的隐私。请放心填写。感谢您的协助,谢谢!

一、对开放实验室的了解和参与情况

1.你对交大的开放实验室体系了解吗?

A 了解　　　　　　　　　B 一般　　　　　　　　C 不了解

2. 你知道交大创客空间吗?

A 知道,经常去　　　　　B 知道,去过　　　　　C 知道,还没去过　　　　D 不知道

3. 你有曾经去某个实验室(包括创客空间)制作或实验的经历吗?

A 实验课或实习课去过　　　　B 参加某个竞赛去过(本专业/非本专)

C 参加SRTP,毕业设计等项目去过(本专业/非本专)

D 为了做自己想做的东西去过(本专业/非本专)　　　　E 从没有去过某个实验室

4. 你是如何找到需要用的开放实验室的?

A 学校有关部门网页看到　　　B 问老师

C 问同学　　　　　　　　　　D 参加实验室的活动或项目

5. 你如何了解某个实验室的工具、设备或设施信息?

A 去实验室网页查询　　　　B 找老师问

C 找去过的同学问　　　　　D 实地前往咨询

6. 你常去的实验室是怎么预约的?

A 用手机App　　　　　　　B 微信表单　　　　　　　C 专线电话预约

D 直接向老师约　　　　　　E 不用预约

7. 如果不熟悉需要用的工具设备或设施时,你较倾向:

A 查询资料自学　　　　　　B 参加实验室的培训学习　　C 寻求老师的帮助

D 寻求同学的帮助　　　　　E 寻求付费服务

8. 你希望预约实验室能够达到什么目的(多选)?

A 学习新的实验知识　　　　B 认识志同道合的朋友

C 与朋友一起探讨实验信息　D 完成实验目标

图9-5　问卷调查部分内容

　　问卷结果显示,被试中对实验室有需求的67%是学生,33%为非学生群体。在学生群体中,对实验室有需求的"创客"学生占大多数的比例,他们对专业设备和工具的需求明显;数据上表现出"创客"们对于缺乏设备和工具以及场地所带来的不便较为麻木,可以在同类型实验室中提供更多的可选择空间,如图9-6所示。

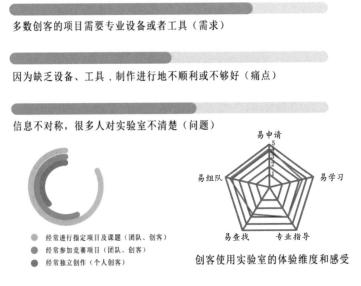

图9-6　问卷结果分析

　　同时,"创客"对实验室可以更容易的组队这一方面有较高的关注度,因此在后期的设计方案中,我们可以将实验室社区的社交性发展作为一个设计趋势来进行设计构建。考虑到高校实验室的发展现状和目前大学生群体对实验室的使用需求较高,其中"创客"作为大学生群体中较为有代表性的群体,对实验室的硬件软件的提供以及具体使用上所涉及的操作流程有着更高的要求,且能代表其余没有创业的大学生群体的广泛需求,因此本案例将创客大学生作为目标用户来进行后期的主要人物画像建立以及设计展开。

　　2. 用户画像与场景故事板

　　(1)用户画像的建立。根据问卷调查结果分析提炼出用户特征,明确人物画像的目标后,基于具体的使用场景来创建人物模型,正确的人物模型可以帮助我们明确具体的设计方向,对后期设计的展开起较强的引导作用。

在艾伦·库珀的《About Face 4:交互设计精髓》中对人物模型、用户角色和用户信息三个概念做了详细的说明,可以帮助我们更好地去区分三个不同的概念,做出更准确的人物模型。在本案例中,用户的主要目标即为使用实验室,在完成这个目标的过程中,不同的使用人群会产生不同的行为,就主要研究用户"创客"而言,不同专业、不同创业需求在使用实验室的时间、实验室的大小要求、实验室的功能需要等方面都有着细微的差异,但这些差异并不影响这个主要用户群体在完成使用实验室这一具体目标上做出的行为模式,这就要求设计者在设计的前期阶段就要明确用户的典型行为模式,根据这一模式可以帮助我们了解用户在完成使用实验室这一具体目标的过程中需要完成的具体的任务,具体任务的完成又是基于具体的情景,这都能帮助我们建立一个较为完善的用户模型。当然,除了主要人物模型的建立,我们也需要考虑除此之外的次要人物模型、补充人物模型、客户任务模型等,在具体的设计案例中,我们的人物模型应通过优先级排序来进行建立,在本案例中,主要人物模型代表(人物画像)的是具有实验室使用需求的群体,而有的大学生对于实验室的需求度并不高,但是与目标用户一样也需要学习与实验室相关的知识,以备以后的学习过程中使用。通常次要模型的建立并非总是需要的,而在本案例中,可以通过次要模型的建立来帮助设计者了解除了使用实验室这一主要需求之外的额外需求,同时,本案例也建立了与共享实验室相关的高校方的人物画像,能够帮助我们在设计中更加明确设计目标,人物画像如图9-7、图9-8、图9-9所示。

用户画像A

场地　　　实验室

木工工具

张末

年龄: 19
职业: 在读大三学生
专业: 视觉传达设计
城市: 成都
性格特征: 活泼、开朗、对新鲜的
事物充满好奇

目标

● 计划在大四和同学建立一个木艺工作室,制作具有民族特色的包包,现在正在探索阶段,希望能够对木艺的制作有详细的调研与深入的了解。

故事描述

● 目前对工作室的前期准备正在筹划中,现阶段是想多地了解关于木艺制作方面相关的知识,也在网上找了一些视频和文字的资料,由于没有真正接触这方面的东西,所以自己感觉了解的还是有一点片面。我的学校有一个木艺实验,里面器材很全面,但是只对特定的专业开放,所以就没有时间与场地能让我真正接触并使用到,隔壁学校好像有自由使用的木工实验室,但是由于在忙其他事情,一直没有合适的时间去询问相关信息,也不清楚具体的负责人是谁,感觉需要我花一些时间去好好问一下老师和同学,如果最后能顺利借到实验室,对我们工作室的成立一定会起到很大的帮助。

痛点分析

● 1、对一些实验室的使用时间和使用权限不了解。
● 2、了解校外实验室的信息方面比较吃力,信息源较少。
● 3、部分实验室使用权限有限,只对部分专业开放。

图 9-7　用户画像A

用户画像B

林强

年龄：22
职业：在读研一学生
专业：化学工程
城市：成都
性格特征：沉稳、腼腆、专注、细心

目标

● 由于专业原因，经常和同门待在实验室里做实验，希望自己能够通过不断地实验去探索这个领域的奥秘，提高自己的专业水平

故事描述

● 近期有个实验是我一直在和同门的师兄做，相对来说比较难，不懂的地方老师也会讲解指导，但经常问老师的话显得自己没有主动学习，就不太好，我也会上网查找实验资料比如文献，也会去其他学校的官网看看，但总的来说效率不高，而且有时候查找资料没有目的性，对于实验的具体进展没有参照，这让我感觉到很头疼，想和很多化学研究生大佬进行探讨，但是在联系这一点上没有时间和途径。

痛点分析

● 1．没有其他院校所做实验信息的参照分析。
● 2．相关信息查找不便。
● 3．经验交流相对封闭。

图 9-8 用户画像 B

用户画像C

吴冕

年龄：37
职业：xxx大学物理实验室管理老师
专业：自动化（控制）
城市：成都
性格特征：责任感强、很有耐心

目标

● 与来实验室的做实验的班级的领队老师商量决定好实验室的使用时间与使用器材的范围，指导学生进行安全实验，维护实验室设备安全，保证每一天都能安全使用。

故事描述

● 作为老师一直在强调实验室的安全问题，同学们能正确进行实验操作是非常重要的，还好来实验室做实验的专业比较固定，老师和同学经过说明也能很好地安全完成各个实验，但是相对于实验室昂贵与全面的器材来比，同学来的次数还是不够多，相对来说实验室利用率不是特别高，设备维护方面的工作量就显得有点多，有时候老师调课还要和我协调时间，这个不是很方便，作为老师，还是希望同学能够多多学习知识，利用好学习资源

痛点分析

● 1．师生对实验室的使用时间确定过程较为复杂。
● 2．实验室利用率不高。
● 3．担心学生做实验不够安全，加强教育。

图 9-9 用户画像 C

（2）场景故事板。根据用户研究以及人物画像的建立我们可以清晰地认识到我们的设计主要是为创客大学生及其他大学生提供一个方案，帮助他们能够快捷地找到并且能够使用到需要的高校实验室，但是如何将这种需求转化为具体的功能点就需要我们对人物模型的期望进行分析，可以与团队的成员以头脑风暴的方式进行情景分析，寻找解决用户痛点的方法，在有效实现其目标的同时，满足用户的需求。基于人物模型，我们可以设想几个使用场景，可以用文字和故事板两种形式表达，在设计过程中，故事板是常用的方式，与文字相比更能引起设计团队内的感情共鸣，如图9-10与图9-11所示是基于主要用户画像与次要用户画像建立的故事板。

图 9-10　用户画像 A 场景故事板　　　图 9-11　用户画像 B 场景故事板

　　场景故事板的建立让我们找出了用户的需求,对如何解决问题也有了一个大致的方向,如图 9-12 所示。我们希望通过一个平台能够实现高校师生与高校实验室之间双赢,解决使用者与实验室目前存在的痛点问题。

图 9-12　MyLab 用户需求分析

　　在挖掘用户痛点与需求时,用户旅程图可以帮助我们可视化地呈现用户实现从预约到体验实验室到最后离开这一目标的诸多步骤,如图 9-13 所示。在体验用户实现使用实验室这一目标的过程中,带入情景去从用户的角度考虑。需要说明的是用户旅程图是基于前期用户研究得出的用户角色来制定的,它必须以事实为依据,而不是理想化地描述用户与我们的产品是如何交互的①。

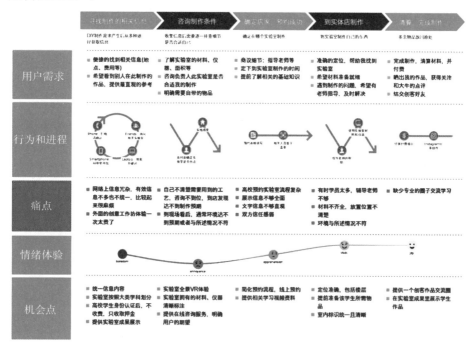

图9-13 创客的用户旅程图

在Kano模型中,用户需求可分为基本性需求、期望性需求、兴奋性需求、反向性需求与无差异性需求②,在设计前期确认用户需求时,可以利用这一工具进行分析。明确设计需求后,可将其转化为在产品中应该呈现的信息与功能。

9.1.3 概念设计

1. 设计规范

在设计初期就应该确定用户是基于何种环境下使用产品的,在本案例中,用户在使用App进行实验室的搜索与确认等操作时,使用频率较高的设

---

①Kate Kaplan .How to Conduct Research for Customer Journey-Mapping[EB/OL].[2019-02-10]. https://www.nngroup.com/articles/research-journey-mapping.

②Qianli Xu,Roger J. Jiao,Xi Yang,et al. An analytical Kano model for customer need analysis[J]. Design Studies,2009,30(1):87-110.

备为移动手机,而很少使用平板、电脑等进行信息查询,因此,本案例中采用以 iOS 平台的 iPhone 8 Plus 移动端为载体展开设计,设计尺寸为1242px×2208px,以此为标准尺寸设计可以帮助我们在后续的设计中规范设计行为,但是以此尺寸进行设计时,由于不能很好地适配其他安卓设备,在交付开发时还需要出设计尺寸为1080px×1920px 的 Android 的设计图。

2. 功能列表

根据前期用户研究总结分析出用户需求,接下来需要把用户的需求转换成产品功能点,来满足用户的期望。设计实践从功能的层级划分开始,主要功能模块包括实验室详情、实验室列表、附近工坊推荐。研究最后得到了如表9-4所示的功能设计要求整合表。

表9-4 功能设计要求整合

功能模块	功能细分	备注
实验室板块	实验室详情	包括地理位置、工具、开放时间、权限、拥有的设备等
	按学科分类	积分兑换,积分充值
	附近工坊推荐	需要地图导航的支持
	预约实验室	
	学习使用实验室	视频教程、相关安全知识、设备操作知识等
	实验项目管理	
用户板块	个人信息	包括个人资料、关注的实验室、关注的人
	个人动态发布	
	实验室学习	
	实验室收藏、关注	
造物圈板块	分享造物	排列方式切换
	经验学习	可筛选

3. 信息架构设计

(1)卡片分类法。在对 App 功能有了大概的轮廓设想之后,如何将其罗列到 App 中,什么功能应该放置在什么地方就需要设计者去进行深入思考,通常我们可以在这里通过卡片分类的定性研究方法去探索用户的心理模型,辩证我们所罗列的功能与用户期望的关系,也有助于用户对我们的产品更加了解,这一步定性研究可帮助设计者厘清信息元素之间的逻辑关系,避免最后的产品逻辑只是设计者自己的想法,而忽视了用户的心理认知。

本案例中,采用的是封闭式卡片分类法,为测试用户提供组别和类别,要求目标用户相应地归类,如图9-14所示。可用性专家Nielsen认为大多数可用性研究,5个人就可以达到0.75的(参与者的实验结果与最终结果)相关度,他认为卡片分类的用户数只要15人左右即可达到0.9的相关度[①]。

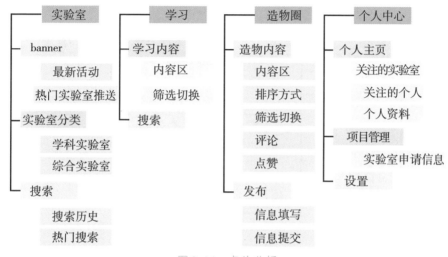

图9-14　卡片分析

（2）信息架构设计。信息架构设计属于结构层要素设计工作,系统交互的功能架构设计包括两项重要内容:信息架构设计和内容设计。通过上述分析,我们得出了关于共享实验室的移动端App的信息架构设计,如图9-15所示。

（3）任务流程图。流程图是复杂系统或活动中涉及的人员或事物的动作或动作序列的图表。任务流程图显示了用户为达到特定目标所需采取的高级步骤,任务流程设计目标是优化任务流程,使用户以最少的困难完成任务。任务流程通常不会分配选项或决策点,一般是线性和顺序的,它是针对特定操作类似地完成的单个流程,比如注册账号的流程。

如图9-16所示,是一个有3D打印需求的毕业生使用MyLab共享实验室的App任务流程图。

①Jakob Nielsen.可用性工程[M].刘正捷,译.北京:机械工业出版社,2004.

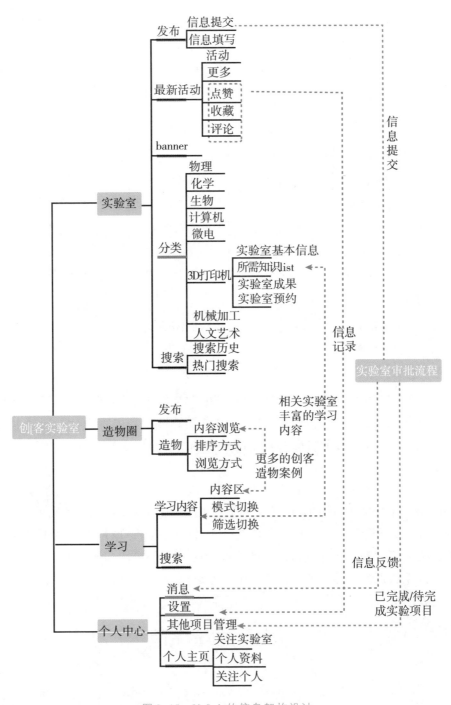

图 9-15 MyLab 的信息架构设计

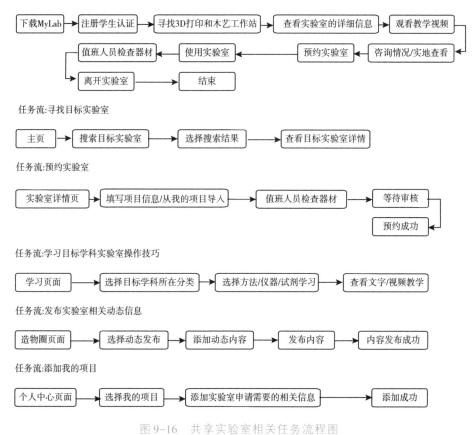

图9-16　共享实验室相关任务流程图

9.1.4　原型设计

1. 低保真原型设计

低保真原型是设计者通过前期的整合研究,表达自己设计方案的方式,是产品功能与内容的示意图,其中包括了静态的页面样式和动态的操作效果,原型线框图的制作主要为纸质线框图与软件绘制的线框图。本案例中,主要采用了软件绘制线框图的方式进行设计表达。在这个过程中,可以根据不断地思考与用户研究总结对原型进行修改,在低保真模型确定之后,可通过可用性测试来收取用户反馈,进行设计迭代,以更好地帮助用户实现目标的同时降低后期开发成本。原型设计注重逻辑的表达,关注的是框架、流程、基本功能和内容。Mylab共享实验室App采用了最常见的底部标签式导航、列表式导航、宫格式导航，如图9-17所示，呈现最主要的4个不同的功能模块：实验室（工坊）、学习、造物圈、个人中心；列表式导航比较适合平铺展示较多的内容；宫格式导航能容纳更多的功能入口，在这里主要对课程内容进行了分类。

图 9-17　导航设计

（1）实验室页面（首页）。实验室界面被划分为四个版块，页面顶部为导航栏，提供实验室搜索功能的按钮置于右侧。下方是热门实验室的推送，以卡片轮显的形式出现，页面中间是涉及不同科目的实验室入口，能够更方便用户筛选目标实验室。页面中同时涵盖了最近实验室的推送，提供较近的实验室信息，目的是为用户提供一个更快速了解就近实验室的入口。整体交互过程如图9-18所示，点击学科按钮进入相关实验室，通过点击实验室卡片可进入到该实验室详情页，在实验室详情页采用的是列表的方式，用户点击列表中的条目，就可进入下一层级，由于实验室预约是用户主要的需求点，因此优先级较高，将其放在了页面最底端，也符合大多数用户右手点击屏幕的行为习惯。点击预约实验室，用户进入下一层级—信息填写页，提交申请后等待后台审批申请，若审批通过，即获得实验室使用权限，部分实验室需要收取实验室使用费，用户在提交审批时便可支付金额，若审批失败，则金额退回至用户的账户中。在实验室详情页—实验室内容清单中，用户可将学习内容添加至个人中心—我的课程中，若用户完成一个实验室的所有学习内容，便可获得实验室的一个线上勋章，内容展示在"我的中心—我的证书"中。

（2）学习页面。学习页面主要是为用户提供一个平台去学习相关学科涉及实验所需的信息，交互过程如图9-19所示。点击想要学习的学科，进入学习详情页页面，该页面顶部为搜索栏，为了降低用户在进行搜索时的工作量，搜索功能提供预加载技术支持，即输入目标实验方法的关键词，便会为用户提供预加载的推荐选项。通过点击页面上端的导航，可分别进入实验方法、实验仪器、实验材料的学习页。关于学习页的具体详情是由App或者已认证的实验室权威发布，无个人发布的内容。

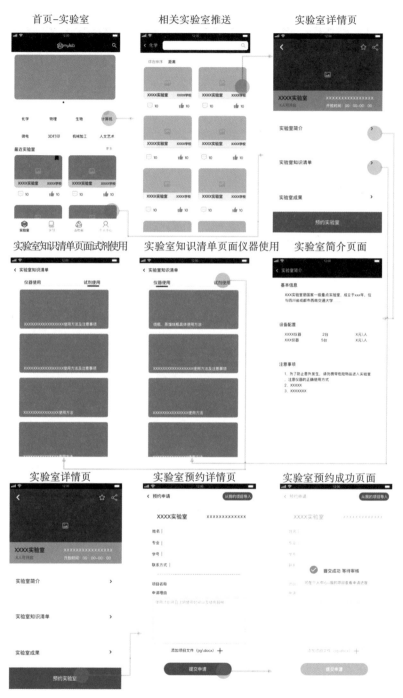

图9-18 实验室页面流程

图 9-19　学习页面流程

（3）造物圈页面。造物圈页面是用户和实验室可以发布关于实验室使用经验或者申请成功的页面，相当于一个交流平台，交互过程如图 9-20 所示。在这一页中，内容区被划分为两个部分，页面顶部为功能导航，点击搜索框可查找发布动态的官方或个人，也可输入关键词查找相关的动态发布。搜索框右侧是发布按钮，点击发布按钮可进入内容发布详情页。导航为以列表形式出现的动态内容，列表长度为无限滚动，回到动态区的顶部下拉便可刷新动态，动态的排序方式分为最热与最新两个筛选条件。用户可以在造物圈这一功能板块获取最新的关于实验室内容的分享，收获经验；也可以发布自己的想法到动态，同时，发布的内容也会更新在"个人中心—我的圈友"中。在动态详情页中，用户可点击关注按钮关注想关注的个人或者实验室官方，关注之后，其发布的内容也会出现在"个人中心—我的圈友"中。

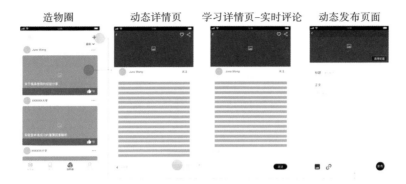

造物圈　　　动态详情页　　学习详情页-实时评论　　动态发布页面

图 9-20　造物圈页面流程

（4）个人中心页面。个人中心页面是用户查看实验室申请进度的板块，在这一优先级较高的需求之后衍生出了我的圈友、我的课程、我的证书等三个功能板块，交互过程如图 9-21 所示。在这一页面中，用户可以清楚地了

图 9-21　个人中心流程

解到自己所关注的实验室或者个体,更快捷地查找目标实验室。点击我的项目条目,内容来源可分为两个部分,一部分为"预约实验室—实验室预约详情"页中填写的信息,一部分为在"我的项目—添加我的项目"中填写的信息,若在这里填写的项目,用户可在信息填写好的页面底部预约实验室,若不想预约,可进入实验室预约详情页,再导入此项目,省去了再次填写信息的步骤,减轻用户的使用负荷。

2. 界面视觉设计

(1)界面设计风格。本案例中的"创客共享实验室"在内容上属于功能性软件,在界面设计风格上力求简洁,因此选择了扁平化的设计风格。实验室留给人们的印象往往是严谨、刻苦与好学,因此在本案例的视觉设计—颜色设计方面应当与人们对实验室的印象相呼应,符合用户心理预期,App的图标、小部件与底部标签栏都采用了线性设计,符合整体扁平化的设计风格。

(2)界面色彩设计。本案例中,在以现代开放为设计主题的背景下,采用了情绪板的设计方法,使最后的产品输出能更符合用户本能层次的情感需求。本案例中,以设计主题为原生词,衍生出与此相关的6个视觉映射分析词[①],即"沉稳的""严谨的""有趣的""广泛的""大气的""专业的"。通过招募实验室的目标用户,以填写调查问卷的形式对6个分析词的需求程度进行评分,评分等级为1~5分,其中得到有效问卷42份,分析得出最能代表用户情感需求的3个词为"沉稳的""大气的""专业的"。案例小组与目标用户以小组访谈的方式,结合这3个衍生词进行情境联想,得出了相关的名词作为分析词,与收集的视觉映射图像对应,生成贴近实验室App的情绪板,从情绪板中,案例小组提取出相应的设计元素运用到主题色彩与App的标签栏icon的设计中,如图9-22所示。同时考虑到用户群体较为庞大,存在个体差异性的问题,在App的视觉设计中,除了需要符合用户情感需求的情绪板,也考虑到了软件的可访问性,即视觉障碍的人也可以轻松使用。

实验室　　　　学习　　　　造物圈　　　　个人中心

图9-22　界面导航栏icon设计

在最后的设计输出中,App采用了蓝色色系,符合产品的设计主题。同

①杨程,杨洋.面向用户情感的情绪板界面设计方法改进[J].包装工程,2019(12):157-161.

时为了使页面颜色有足够的对比度,大部分页面采用了白底黑字的设计,蓝色被用于导航栏、个别图标以及部分功能按钮,为了让页面不单调,有的页面采用了其他相对活泼的色系,比如在"首页-实验室"页面中部,由专业划分进入实验室选择的入口图标就较多采用了蓝色的类似色绿色与少量对比色红色,整体色彩搭配卡片如图9-23所示。

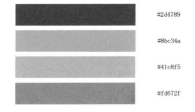

#2d4789

#8bc34a

#41c8f5

#fd672f

图9-23 界面色彩设计

3. 高保真原型设计

高保真原型的输出几乎按照实物设计,相对于表现产品大致框架、交互关系等的低保真原型,高保真原型的制作成本较高,在这一部分包含了产品信息框架、内容细节、视觉效果和交互设计细节等。一般我们可以制作可操作的高保真原型来增加原型的解释能力,在低保真部分已经介绍了产品的交互信息及任务流程,所以在这一部分就只列出4个标签导航的第一层级页面与第二层级页面的高保真原型图,如图9-24、9-25、9-26、9-27所示。

图9-24 实验室(首页)

图9-25 学习页面

图9-26 造物圈页面

图9-27 个人中心页面

9.1.5 设计的可用性评估

1. 方法与标准的建立

通过可用性测试,交互设计团队可以清楚地通过用户的反馈来获得关于目前产品所存在的一些问题与改进建议,一般建议可用性测试在基本设计成型后就可开始,最晚在开发前可进行一次测试,以便设计团队能够有时间去对设计进行调整与迭代,减少后期开发成本。以人物模型为原型,设计团队招募少量人员参与产品的可用性评估,在本案例中,对高保真原型进行可用性测试,可以帮助参与测试的人员更好明白产品之间的交互逻辑,理解产品。在测试中,本案例采用符合构建原则的方法有实地研究、可用性任务测试、观察、观点调查以及可用性标准量表测试。其中任务测试列表见表9-5,在用户完成测试任务之后进行可用性标准量表测试,本次测试选用整体评估可用性测试PSSUQ问卷作为定量测试基准,见本节附录二(扫码可获取)。

表9-5 任务测试内容

任务	任务描述
用户需要做一个以 Arduino 编程为载体的智能音箱硬件,找到并查看相关的目标实验室	有特定实验目标的用户如何寻找目标实验室,在寻找入口时会进行哪些步骤操作,测试实验室的界面位置是否明显
用户想要查找实验室并完成预约工作,同时查看预约进度	对没有特定实验目标的用户如何浏览实验室板块,在进行这一步操作时是否有其他路径,在完成预约工作时是否顺利
用户需要了解目标实验室的信息并进行知识学习	用户在这一步的心理模型是否符合产品的实现模型,让用户顺利完成对目标的实验室的知识学习
用户获得目标学科的实验室知识普及	以学科为入口能否顺利找到相关的知识普及
用户需要发布自己的经验动态到造物圈	在动态发布的步骤时,实现层级是否合理

2. 描述性统计分析

(1)样本背景分析。有16个用户参与本次测试,测试人员的选取主要集中在大学校园里,学历跨度为本科到博士,平均年龄为21岁。其中87%的参与人员接触过实验室,在这一比例中,仅有28%的用户接触并使用过非本专业的实验室,这一结果与前期的设计背景调研结果相符合,样本信息见表9-6。

表9-6 参与可用性评估人员背景分析

变量	类别	频数	百分比
性别	男	11	69%
	女	5	31%
年龄	17~21	9	56%
	22~24	5	31%
	25~28	2	13%
教育水平	本科	8	50%
	硕士	7	44%
	博士	1	6%
创业情况	未打算创业	6	38%
	有计划安排	9	56%
	正在实施创业计划	1	6%
使用情况	未使用过实验室	2	13%
	使用过本专业的实验室	10	62%
	使用过非本专业的实验室	4	25%

（2）描述性统计分析。通过 SPSS 软件对量表数据进行信度分析与效度分析，若 sig 值为 0.000<0.05，统计结果具有良好的效度。Cronbachα 值为 0.8 左右，说明量表内部一致性良好，具有良好的信度，各项信度均在 0.8 左右，就可以进行进一步分析。对可用性量表数据进行统计分析，其详情见表9-7。

表9-7 可用性标准量表测试结果分析

类别	用户体验细节	平均分
系统质量（SysQual）	内容层级布局较为合理	3.65
	能较为轻松地完成测试任务	3.47
	任务逻辑清楚,易学习性较好	3.68
	功能键等操作感舒适,系统跳转合理	3.97
	系统不容易引起误操作	3.50
	功能能够帮助大部用户实现目标,满足需求	3.97

续表

类别	用户体验细节	平均分
信息质量（InfoQual）	信息布局合理，不易产生误解	3.76
	进行误操作时，能及时回到正确的页面	4.13
	信息传达内容与心理预期相符合	3.85
	能提供足够的信息去了解实验室	4.30
	实验室相关信息设置合理，易理解	4.03
	能给出及时的信息反馈	3.16
界面质量（IntQual）	视觉效果较为满意	3.64
	icon设计合理易理解	3.92
	界面清晰，icon等元素布局合理	3.46

在测试用户完成测试任务时，可观察并记录用户在使用系统的过程中的使用行为，在任务完成之后询问用户对于当前产品的使用感受以及意见。之后邀请用户进行可用性标准量表测试，填写PSSUQ问卷，见本节附录二。在本案例中，通过对PSSUQ问卷的数据分析和观点调查，分析出了产品所存在的一些优势以及缺点，其中获得的8份主观反馈见本节附录三。如表9-8所示的统计结果分析，有利于在产品开发前进行再次的良性迭代。

表9-8　统计结果分析

页面	统计结果分析
实验室（首页）	在内容显示方面，用户能较为轻松地找到目标实验室这一测试任务，另外，可考虑通过首页的搜索功能键，通过搜索实验目标，出现相关实验室推荐，降低用户在搜寻目标实验室时的任务负荷。但是在预约实验室这一任务上部分被测在随访观点以及数据分析中显示较为吃力，不能轻易从首页的界面上表现出该实验室是否可预约。"最近实验室"在语义上容易误导用户，将时间的"最近"与地点的"最近"相混淆。因此把"最近实验室"修改为"附近实验室"。在视觉方面，首页图标的色彩选择可再考虑进行修改，相对弱化其视觉效果，可突出就近实验室推荐板块
学习	在内容显示方面，用户能通过学科分类获得实验室的知识普及，从用户的测试行为可以发现，一些学科很少涉及实验操作，因此在这一部分可以更换导航内容，将不常用的学科分类隐藏，同时可降低进入学习详情的层级，降低用户的学习负荷

续表

页面	统计结果分析
造物圈	在内容显示方面,用户能较为轻松地完成动态发布的任务,可增加造物圈动态feed流的筛选模式,利于用户找到自己想要查看的内容
个人中心	在内容显示方面,根据数据分析,用户在这一部分完成查看实验室预约进度的过程相对缓慢,需要一定的学习时间才能顺利完成这一操作,因此可增加实验室申请进度的显示

3. 基于评估结果的迭代(以实验室(首页)为例)

结合被测用户的观点访谈、可用性标准量表的数据分析和小组成员的讨论后,发现用户在完成实验室预约这一目标时的不确定性,主要是由界面内容提示不足引起的,在用户第一次使用时,无法第一时间知道和找到产品的预约功能,需要多次尝试后才能实现实验室预约,增加了用户的学习成本。因此在原界面的基础上,对实验室list模块的内容做出了一些修改。第一,由于产品的特性,用户在使用时更多地是考虑实验室的硬件设施等方面,比较有针对性,与娱乐性较强的App相比,实验室的点赞以及评论的数量只有较少的比例能吸引用户做出预约选择,而预约实验室是优先级较高的功能模块,因此将"可预约实验室"的内容置于实验室卡片显示上,引导用户点击的同时也在一定程度上提示用户实验室的预约为产品的主要功能,同时删除点赞与评论的功能项,增加距离显示。第二,降低文字信息对用户的误导,将小标题"最近实验室"修改为"附近实验室",如图9-28所示。

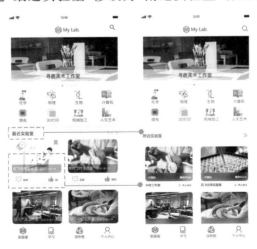

图9-28 基于评估结果的迭代:实验室(首页)

附录一　调研问卷详情

调研问卷详情

附录二　可用性测试 PSSUQ 问卷

可用性测试
PSSUQ 问卷

附录三　可用性测试主观反馈记录

可用性测试主
观反馈记录

附录四　创客共享实验室需求规格说明书

创客共享实验室
需求规格说明书

附录五　DRD 文互说明文档

DRD 交互说明文档

附录六　MyLab 案例

MyLab 案例

9.2　乐龄游戏设计——银幸农场App

9.2.1　项目背景

1. 国内养老现状

我国正在步入深度老龄化,养老产业也应运而生。预计2025年我国的老年人口数量将达到近5亿人[①]。随着老年人口数量的递增,人均寿命的延长,养老问题亟待解决。针对独生子女将会面临承担起两位老人的养老责任等社会的普遍问题,养老模式也由单一的家庭式养老衍生出了机构养老、社区养老等其他模式[②]。

随着养老产业的不断完善和发展,养老服务的要求也随之升高。"十三五"时期我国将形成具有新时代特色的智能养老产业体系,并呈现"创新、整合、应用、共享"的新趋势[③]。

2. 积极老龄化

世界卫生组织(WHO)在正式发布的报告——《积极老龄化:政策框架》中提出了积极老龄化(Active Aging)这一概念,其旨在延长所有老年人的健康寿命,提高生活质量[④]。其中提出了三个目标——健康、参与、保障。增加健康的保护因素,就会极大程度上推迟生理功能衰退和慢性疾病到来的时间。社会活动参与对城乡老年人身体健康、降低失能风险均有积极的影响,对城乡老年人身体健康状况的影响程度较高[⑤]。

3. 老年人生活满意度

适老化的一个重要目标是保证老人的生活品质。老年人的生活质量是社会文明程度的标志之一,加强老年人的生活满意度和幸福感是建设和谐

①张粉绒,常翠英,郭爱英.我国人口老龄化与老年保健的研究进展[J].现代护理,2002,8(3):220-221.

②范书南.中国老年人养老模式的研究进展[J].中国老年学杂志,2019:39(4):996-999.

③朱勇.智能养老蓝皮书:中国智能养老产业发展报告(2018)[M].北京:社会科学文献出版社,2018.

④同春芬,刘嘉桐.积极老龄化研究进展与展望[J].老龄科学研究,2017(9):69-78.

⑤胡宏伟,李延宇,张楚,等.社会活动参与、健康促进与失能预防——基于积极老龄化框架的实证分析[J].中国人口科学,2017(4):87-96.

社会的必然趋势。目前老人生活和娱乐方式单调有限,需要更具吸引力和互动性的休闲活动来加强满意度、保持身心健康①。而乐龄游戏方式能为老人带来更多的欢乐和益处,有针对性地锻炼记忆、表达、逻辑思维以及动手操作能力。

孙金明②等对60岁及以上老年人进行抽样问卷调查。调查结果表明,58.8%的老年人对目前生活表示满意,10.6%的老人对当前生活不满意,而不满意的主要原因有"感觉生活中缺少乐趣"(53.6%)、"身边缺少人照料"(38.5%)。在对"平时参与的文化娱乐活动"的调查中,老年人最日常的活动依次为在家看电视(58.5%)、串门聊天(30.2%)、走亲戚(30.2%)。由此可见,老年群体存在文娱活动单一,社区活动参与度低的问题。

王慧博等③对城镇老人进行了生活满意度影响因素研究和分析,个人因素(学历、婚姻、健康程度、收入)呈主导性的影响,精神因素(娱乐活动、人际交往)呈决定性的影响,研究者通过将变量进行卡方检验得知是否参与娱乐活动对老人生活满意度影响显著。由此可见,丰富老年人的精神生活将会成为提升老年人生活满意度的主要途径。

4. 老龄游戏竞品分析

国内满足老年人认知训练的产品极为少见,关于益智玩具和休闲娱乐产品方面,调查发现市场上以鲁班锁、孔明锁等玩具居多。2017年4月清华大学举办乐龄游戏创意设计大赛,以"为老设计、为爱行动、为玩创意"的主题助推"老有所乐",以公益形式推广主动康复的养老理念④。2018年北京东城老龄办在养老中心进行"爱游戏,增活力"乐龄游戏推广,通过游戏预防老年痴呆并拉近邻里关系。游戏类型有亲情游戏、全脑游戏、巧板游戏等,通过游戏锻炼老人记忆、表达、逻辑思维以及动手操作能力等。通过表9-9这几款游戏总结出老年人喜爱的游戏的共同特征:操作简单、任务单一、色彩明亮、对比度高。

---

①李芳宇,尹鑫渝,韩挺.移情设计在乐龄游戏设计中的应用研究[J].包装工程,2019,40(12):34-31.

②孙金明.河北省城市老年人精神需求[J].中国老年学杂志,2018,21(38):5320-5322.

③王慧博,范佳瑜.城市老人晚年生活质量满意度研究[J].河南社会科学,2016,24(4):81-89.

④为老设计·为爱行动·为玩创意,乐龄游戏助推"老有所乐"[J].中国社会工作,2017(23):67.

表9-9 Android 和 iOS 上受到老年人喜爱的游戏(免费游戏)

序号	游戏名称	视觉设计	简短的介绍
1	开心消消乐		《开心消消乐》是一款乐元素研发的三消类休闲游戏。玩法丰富,创意无限,随时随地都能玩
2	数独大师		《数独大师》是一款全球范围内的数字放置游戏,可帮助你保持数学活力
3	泡泡射手		这是一款对老年人来说非常容易的游戏,是一款简单的泡泡龙类小游戏
4	水果忍者		这是一款通过触摸屏幕斩切水果的游戏

9.2.2 用户研究

对用户进行定性研究分析,包括用户访谈、用户画像、故事板等方法。用户研究计划分为三阶段,第一阶段是通过查阅文献了解老年人生活和娱乐现状、对老年人进行初步的访谈、总结出一些机会点;第二阶段是对老年人进行有针对性的访谈,了解更深入的情况以及他们对于不同方案的态度和想法;第三阶段是通过调查研究推导出用户画像,基于调查数据建立目标用户模型。

1. 研究方法

对于电子设备和游戏来说老年人是非常特殊的群体,因此我们采用访谈法进行定性研究分析来挖掘用户的真实需求,为了更加了解用户群体,我们对用户进行了多次不同内容的访谈。

课题对有移动互联网使用习惯的老年群体进行了桌面调研和多次访谈,最后总结出用户画像和故事板,方法流程如图9-29所示。

```
桌面调研
  ↓  阅读相关论文、总结现状及老人对生活的期望等
  ↓  网络搜索      相关新闻报道
  ↓  行业报告      查询游戏行业里老人的偏好情况
用户研究
  ↓  初步访谈    调研老人的日常、文娱偏好
  ↓  深度访谈    调研老人对于同个设计点的态度
  ↓  访谈总结    老人行为、心理特征的可视化泡泡图
     用户画像    确定人群特征和需求
     故事板    用宫格漫画形式,讲述5W2H
```

图9-29　研究方法

2. 老年用户特征研究和分析

(1)生活方式特征。老人通常会选择做些家务活,与年轻人相比,老年

人在生活上更注重性价比。由于身体原因和消费观念不同,老人不愿出去吃饭,这样也就增加了烹饪的时间和频率,他们更愿意花时间去厨房做饭。日常的饮食倾向于健康、实惠、美味,其实老人对食物的烹饪方法和营养价值更加讲究①。

(2)心理和行为特征。

①眷恋感:指老年人对往事的怀念,如执着于旧的物品,听怀旧曲目,怀念过去的生活,时常提及老邻居、老朋友。

②不服老:指的是老人内心是不希望被时代抛弃的,他们为了跟上社会的发展和科技的进步,缩短与后辈的隔阂,适应新事物。

③孤寂感:由于身体机能的下降,老年人外出机会降低。子女忙于事业而忽视了与父母的交流,长此以往老人很容易产生孤独感。

(3)网络使用行为特征。据中国互联网络发展状况统计报告,截至2018年12月,我国网民中高达98.6%使用手机上网,规模达8.17亿,50岁以上占比12.5%。老人使用网络的个人动机如下:①打发闲暇时间、休闲娱乐、修身养性;②与子女联系、交流,找到共同话题;③发展兴趣爱好、结交朋友;④重新社会化、保持敏感的社会认知②。

(4)老人休闲方式特征。于一等③对济南市城市社区老年人进行了体育休闲方式调研,调查发放1000份问卷,调查中发现,文化水平越高的老年群体选择体育休闲锻炼内容越丰富,文化水平较低的一些老年人主要以散步、慢跑和快走为主。

伍彩红等④对贵州省老年人休闲娱乐方式进行调查研究,发放问卷800份,结果显示位居前十位的休闲活动依次为散步、看电视/听广播、聊天、读书看报、打牌/麻将、喝茶、爬山、唱歌跳舞、栽花种草、下棋,大部分老人表示期望多样的休闲娱乐活动形式。

(5)老年人精神需求。岳瑛⑤对城市老年人进行精神需求调研,回收有效问卷188份,研究中老年人期望学习的内容中所占比例最高的类别是文

①赵璐.城市社区智慧养老健康服务平台服务设计体系研究[D].成都:西南交通大学,2017.

②陈锐,王天.老年人网络使用行为探析[J].新闻世界,2010(2):89-90.

③于一,钟木根.济南市城市社区老年人体育休闲方式研究[J].山东体育科技,2017(4):3-4.

④伍彩红,邓仁丽,黄议.贵州省老年人休闲生活现状[J].中国老年学,2015(14):4028-4029.

⑤岳瑛.城市老年人精神需求的调查[J].中国老年学杂志,2014,34(18):5223-5224.

化娱乐类,占74.8%(113人),其次医疗保健类占38.4%(58人)。学习需求主要是满足自身兴趣爱好以及保持身心健康。

老年人学习的原因占比如表9-10所示。

表9-10　老年人学习的原因

项目	频数	频率
满足兴趣爱好	98	60.5%
强身健体、身心健康	99	61.1%
提高自身素质	91	56.2%
学习新知识、跟上社会步伐	68	42.0%
广交朋友,摆脱孤独	35	21.6%
打发时间、解闷	24	14.8%
学习技能再就业	5	3.1%
攻读学位、获得文凭	1	0.6%
服务社会、体现价值	15	9.3%
其他	1	0.6%

3. 用户调研与分析

(1)访谈问卷内容大纲。为了解社区老人的日常喜好与行为习惯,从而分析适合老年群体的乐龄游戏方式,访谈大纲如表9-11所示,详细内容见本节附录一(扫码可见,下同)。

表9-11　访谈问卷内容大纲

访谈大纲	主要内容
基础信息	性别 年龄(目标范围60~70岁) 居住形式(空巢独居、与伴侣生活、与子女生活、与孙辈生活)

续表

访谈大纲	主要内容
日常喜好/习惯（了解老人的行为、态度、观点、动机）	日常行为安排、喜好：如聊天、散步、打牌、养花、种菜 社交情况：亲朋好友或邻里街坊 运动：时间、运动内容、感受 怀旧：怀念场景、内容、怀念的童年游戏 音乐：喜欢听的音乐、记忆深刻的老歌 种菜：种菜位置、种类、打理频率、收获意义 儿孙相处：与子孙的情感交流、相处活动内容
对游戏的态度	游戏态度：玩游戏情况、对游戏的态度、投入时间、侧重点如趣味性或互动性、使用手机情况 对游戏方案的接受程度

（2）访谈人物需求归纳。根据访谈总结得出老年人的特点如图9-30所示，访谈记录见本节附录二。

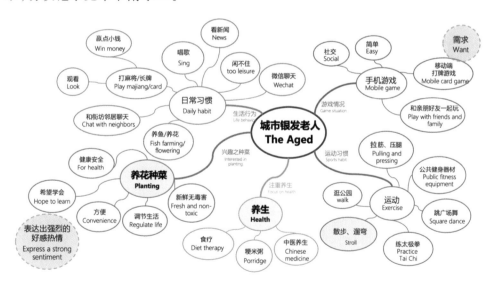

图9-30 老年人行为喜好特点分析

（3）用户画像。如图9-31、图9-32所示。

基本情况

性别：男
年龄：74岁
职业：退休汽车机械师
居住情况：与老伴、子女同住
健康状况：患有高血压

日常生活

与老伴、儿子儿媳一起居住在城镇，儿子是工程师，工作很忙，孙子在读大学。日常的生活非常规律，身体尚且坚朗，比较注重养生。平时对于手机的使用仅限于接打电话，也会偶尔使用微信跟亲朋好友聊聊天。在住宅楼外圈了一小块地用来种了一些蔬菜，如白菜、萝卜等，并且每天都花不少时间照料蔬菜。

痛点

* 总是会有一些熊孩子或者猫猫狗狗过来破坏蔬菜
* 种植知识了解不多，譬如种植密度、浇水施肥的频率等
* 患有慢性病，想从饮食开始慢慢控制

需求

* 希望对植物能有更好的保护措施
* 想要比较好地了解植物的种植情况
* 想获得系统的食疗知识

图9-31　老年人用户画像1

基本情况

性别：女
年龄：68岁
职业：退休高中数学老师
居住情况：与子女同住
健康状况：良好

日常生活

与子女一起居住在城里，子女都是企业高管，孙子在国外读研究生。平时一人在家，生活清闲，生活态度乐观，乐于跟亲朋好友们分享生活写照。每天自己做饭，傍晚会和邻居一起去公园遛弯，偶尔也会旅游。每天都用手机或平板看看新闻，也偶尔会刷刷抖音。在家用花盆种了一些小辣椒、小番茄、小白菜以及葱之类的蔬菜。

痛点

* 家里和家附近都没有能够大量种菜的场地
* 想尝试种植更多的蔬菜，又不是很了解其他蔬菜的种植方式
* 有时连续几天出门在外会担心家里的蔬菜
* 子女不是很能理解自己种菜自己吃的想法

需求

* 希望有合适的可以种植许多各类蔬菜的小园地
* 希望有工具能自助管理
* 想要获得养生知识

图9-32　老年人用户画像2

（4）故事板。如图9-33、图9-34所示。

图9-33　用户需求故事板A

图 9-34　使用情景故事板 B

（5）用户痛点分析。通过访谈调查，总结出老年人在种植中的痛点有以下几点：

①种植空间、场地受限。老年人家庭种植的主要场地为阳台和窗台，少量为自家庭院，空间十分受限。

②种植活动难以完成。由于身体机能退化，老人在完成浇水、换土、施肥等常规种植工作时，难以完成持续抬高手臂、握持水壶、下蹲等动作，具有明显的行为障碍。

③种植不科学。老人对各类植物的习性及生长状态缺少科学的认知和了解，经常出现植物生长不佳甚至死亡等情况。另外，受记忆力退化的影响，老人会忘记自己要做或已经做过的工作，最常见的就是忘了浇水或忘了自己已经浇过水，这也直接影响了花草种植的成果。

④场地清洁麻烦。修剪枝条、换土和施肥等工作完成后，周边环境难免会被弄脏。

9.2.3　概念设计

1. 产品介绍

本产品以银幸农场 App 为基础，利用物联网智能互联系统与自动化技术，老年群体可在移动端对种植园土地进行租赁，选择农作物种子、幼苗等种植，在种植时可根据慢性病自行定制作物种植。通过 App 查看作物种植情况并进行远程培育，如浇水、施肥等种植操作。农产品成熟后老人可预约线下采摘活动，配送则由专业人员包装后，通过快递物流配送到老人家中。

让老年群体体验农业种植生产过程中的乐趣,通过培育过程获得绿色健康产品以及种植成就感。

本设计分为以下两个部分:

(1)服务:利用物联网智能互联系统与滴灌等技术在线下搭建自动化农场,培育期间,老人可预约线下种植园活动到农场观察作物。作物成熟后可以和家人或朋友来采摘果实,度过愉快的周末。

(2)娱乐:移动应用采用游戏化的设计,老人可对植物进行浇水、施肥、修剪、洒营养液等远程操作。种植的种类分为蔬果、花草。如果老人患有慢性病,可以通过推荐的食疗组合进行种植。移动应用也通过任务和小游戏的设置来锻炼老人的记忆力和认知水平,同时通过奖励设置鼓励老人日常锻炼。

2. 产品目标

积极老龄化是我们的共同目标,银幸农场概念设计旨在丰富老人的精神生活,提升老人生活满意度,保证老人的生活品质。通过设计让老人参与作物种植过程并收获绿色健康食品,提供健康食谱与认知训练,从种植到收获的活动过程中提高老人的社会参与感与幸福感。为城市社区老年群体提供种植园土地,通过移动端进行作物云种植;为拥有土地的乡村老年群体提供慢性病食疗推荐与认知游戏奖励,通过线下采摘活动搭建作物种植沟通桥梁,提高老年人生活质量。

3. 产品核心功能与特色

(1)核心功能,如图9-35所示。

①游戏化种植体验:移动应用利用游戏化的八角行为分析法对种植过程进行了趣味的互动设计,我们设计了"小蜜蜂"这个精灵助手与用户互动。

老人在"小蜜蜂"的引导下对植物进行浇水、施肥、修剪、洒营养液等远程操作。种植的种类分为蔬果、花草。另一方面通过任务和小游戏的设置来锻炼老人的记忆和认知,督促其进行日常锻炼。

图9-35　核心功能

②慢性病食谱：如果老人患有慢性病，可以通过推荐的组合进行种植，同时还配备食疗推荐。

③线下庄园体验：在培育期间，老人可以亲自到农场观察自己或别人的植物。到达成熟期，可以和家人或朋友来采摘果实，度过愉快的周末。

（2）关怀设计。用户可以在线上命名庄园，随之，线下将会挂上精美小木牌。

4. 信息架构设计

系统交互的功能架构设计包括两项重要内容：功能设计和信息架构设计。产品服务功能可以通过功能树进行展示，功能树每一个分支代表了不同的功能（内容、需求），《银幸农场》的整体功能设计如图9-36所示。信息架构设计如图9-37所示。

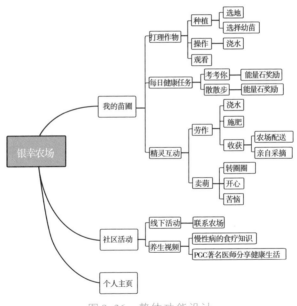

图9-36 整体功能设计

主要功能分为种植模块、养生知识模块、个人信息模块。在信息架构的过程中，我们把"考考你"这一个特色功能的层级提高了。目的是让老人能够更加便捷地获得日常养生知识，并且也完成了每日任务，可以获取奖励，对于产品来说也提高了用户转换率和用户黏性。

5. 任务流程图

基于上述的主要功能，完成了该应用的打理植物、预约线下活动、"考考你"答题的行为流程设计，如图9-38、图9-39、图9-40所示。

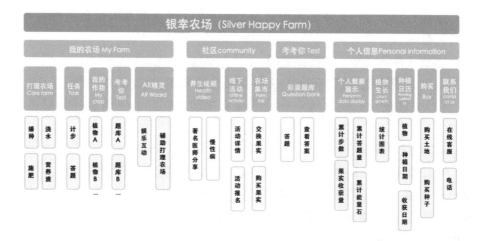

图 9-37　信息架构设计

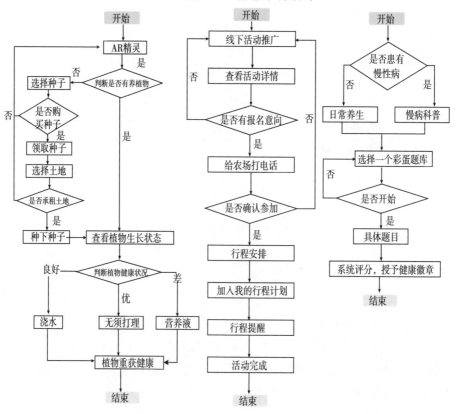

图 9-38　打理植物行为流程图　图 9-39　预约线下活动行为流程图　9-40 "考考你"答题的行为流程图

6. 服务蓝图

服务蓝图是详细描画服务系统与服务流程的，主要行为部分包括顾客行为、前台员工行为、后台员工行为和支持过程。通过绘制服务蓝图帮助我们更好地梳理由移动应用、用户、农场这三者构成的庞大系统是如何完成从线上种植到线下体验的服务，如图9-41所示。

7. 慢性病饮食疗养

本次慢病的食疗知识设置中，通过调查相关文献资料整理出饮食疗养食物及食谱内容，如表9-12所示。

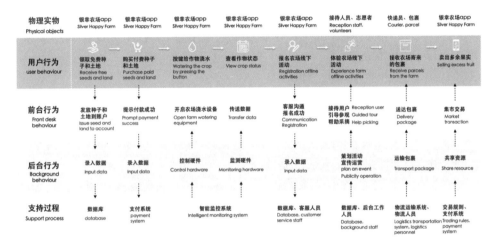

图9-41　银幸农场服务蓝图

表9-12　饮食疗养与食物名称

类目	食物名称
可种植农作物	四季豆、豌豆、胡豆、毛豆、土豆、黄豆芽、绿豆芽、甘蓝菜、包心菜、大白菜、小白菜、水白菜、西洋菜、花椰菜、西兰花、空心菜、金针菜、芥菜、芹菜、蒿菜、甜菜、紫菜、生菜、菠菜、韭菜、香菜、发菜、榨菜、雪里蕻、莴苣、芦笋、竹笋、韭黄、白萝卜、胡萝卜、荸荠、菜瓜、丝瓜、水瓜、南瓜、苦瓜、黄瓜、青瓜、付子瓜、冬瓜、小黄瓜、山芋、芋头、香菇、草菇、金针菇、冬菇、姬菇、平菇、番茄、茄子、马铃薯、莲藕、木耳、白木耳、生姜、荞头、小葱、大葱、洋葱、青葱、青椒、大红椒、小红椒、红尖椒、圆椒、长茄子
《神农本草经》食疗食物	山药、枸杞、南瓜、绿豆、红豆、豇豆、扁豆、豌豆、荷兰豆、百合、生姜、葱白、苦瓜、绿叶菜、胡萝卜、洋葱、苡米、冬瓜、黄瓜、全麦、荞麦、玉米须、魔芋、芋艿

续表

类目	食物名称
抗癌蔬菜	大白菜、小白菜、卷心菜、花菜、油菜、胡萝卜、萝卜、竹笋、红薯、海带、紫菜、香菇、草菇、金针菇
肿瘤	十字花科蔬菜如西兰花、小白菜、大白菜、紫菜薹、红菜薹、椰菜、芥蓝、青花菜、芥菜、萝卜、大头菜、大蒜、葱类、绿茶 1)正虚:桂圆、甘薯、大枣、山药、芦笋、甘蔗、百合、葱、辣椒、韭菜子 2)痰凝:芦笋、蘑菇、丝瓜、海带 3)瘀滞:木瓜、油菜、黑大豆、黑木耳、蘑菇 4)毒聚:绿豆、苦瓜、冬瓜、猴头菇
高血压	旱芹菜、冬瓜、茄子、芦笋、西红柿、苦瓜、豌豆、绿豆、红豆、豇豆、扁豆、黑木耳、黑芝麻 饮料或粥:菊花、枸杞、绿豆
糖尿病	糙米、红米、绿豆、红豆、豇豆、扁豆、豌豆、荷兰豆、南瓜、荞麦、芹菜、蘑菇类、苦瓜、山药、莲子
冠心病	茶类:红花、绿茶 粥类:玉米粉、粳米、山药、萝卜 菜:芹菜、冬笋、冬瓜、香菇
慢性胃炎	1)脾胃虚寒证:韭菜、洋葱、南瓜、蒜薹、甜椒、扁豆、南瓜 2)肝胃郁热证:苦瓜、空心菜、菠菜、大白菜、生菜、冬瓜、莴笋 3)瘀血阻胃证:黑豆、茄子、空心菜、莲藕、洋葱、香菇、猴头菇、金针菇、黑木耳、油菜 4)饮食停滞证:黄瓜、西红柿、西葫芦、南瓜
脑卒中、便秘	萝卜、生姜

9.2.4　原型设计

本次案例主要采用 iOS 平台的 iPhone X 的页面布局规范,在 Apple Developer 上的 Human Interface Guidelines 很方便查阅到 iOS 的设计规范。信息设计采用了宽而浅的架构方式,主要功能尽量展示在主界面上,且遵循了就近原则,把关于农场的功能放于右侧,其他拓展功能放在下方。界面风格采用游戏化的设计,利用小蜜蜂吸引并引导老人用户使用,降低学习成本。

1. 手绘线框图

　　根据信息架构设计,首先在纸面上绘制主要界面的原型草图,如图9-42所示,这种方法能帮助设计者快速画出想法进行比较,锁定合适的方案进入低保真的完整设计。

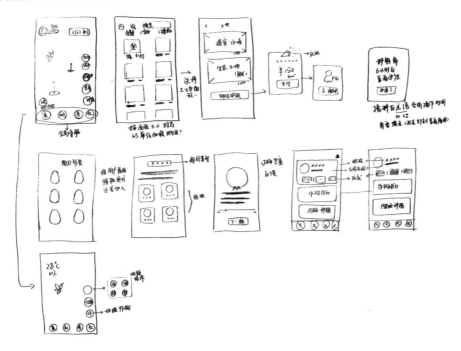

图9-42　手绘线框图

2. 低保真原型设计

　　基于该应用的3个主要任务流程:打理植物任务、答题任务、社区互动任务,我们在墨刀里协作完成了42个低保真界面,选取了核心的界面并形成线框连线图,如图9-43所示。

　　"菜园"的主页也是该应用的主页,布局了该应用的核心功能和种植的基础功能,分为上中下三部分,上部主要为天气湿度的信息展示,中间为视觉中心,是游览菜园和种植的基础功能,下部为本应用的主导航——底部标签导航,符合用户使用习惯及认知,如图9-44所示。因为浇水、营养液等属于低频操作,所以把它们收在了"打理菜园"里,节省了布局空间,让用户注意力更加集中在中间的菜园上。任务采用卡片的形式,把两个任务明显地分隔开,并且在卡片上能够呈现基本的信息和放置领取奖励的按钮。

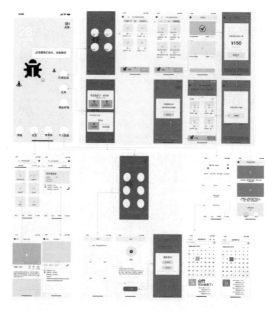

图 9-43　低保真线框连线图

　　"考考你"的交互设计没有进行页面跳转而是采用深色蒙层将菜园虚化为背景,如图 9-45 所示。这是为了让用户关注彩蛋题库并快速决策,因为

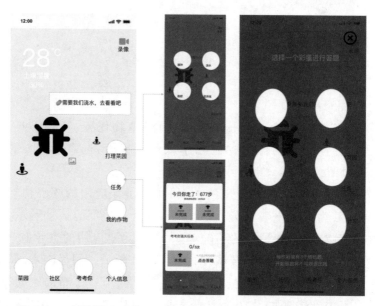

图 9-44　主界面——菜园　　　　图 9-45　考考你界面

答题时采用了页面跳转的形式,所以利用交互方式的差异来表达选题库和做题的不同逻辑。老人会很容易理解上一个层级是菜园的主界面,并且关闭按钮的预期也是显而易见的。除此之外,在进入答题之前需要做必要的文字说明,比如答题数目、答题规则等,以免进入答题后与用户预期不同产生不良的体验。

　　"考考你"答题的详细界面分为题目界面和答案反馈界面,如图9-46所示。题目界面的最上方为该题目的所属类型,中间为题目内容,下方是答案信息并配有具有识别性的相关图片,让用户快速抓取答案信息。基于老人对界面文字阅读较慢以及视力下降的因素,反馈界面采用文字解释和语音播报两种形式。

　　种植的过程分为两种情况:已购买种植地、未购买种植地。这里选择未购买的用户情况做完整的展示,如图9-47

图9-46　考考你——答题详情界面

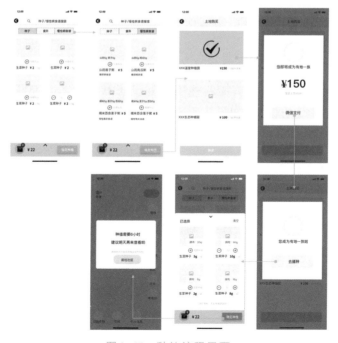

图9-47　种植流程界面

所示。依照前期的功能设计,我们会提供给用户种植的不同方案:养生食补、慢性病食疗。所以把分类设计成了顶部标签的形式,可供用户筛选。选完需种植的物种后系统会判断您是否有地,若没有地,则会提醒您购买菜地。为了防止用户误操作,购买时会有温馨的弹窗提示"您即将成为有地一族",此时再选择是否支付。种植后,用户是没办法立即看到自己的作物,所以在此也需要给予说明,避免用户产生焦虑。

社区功能版块的建立一方面是为了老人在这里通过小视频获得养生类的知识,另一方面是给老人的休闲娱乐提供可能性,比如联合植物园、钓鱼基地等推出活动,如图 9-48 所示。养生视频里的分类是按照老人的慢性病种类划分的。对于老人而言,打字比较困

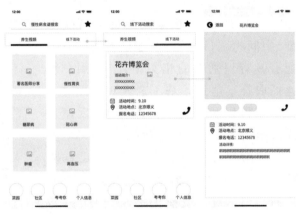

图 9-48　社区主要界面

难,他们更习惯用电话直接沟通信息,所以在线下活动模块里,设置电话按钮并突出。

个人信息板块主要用于统计个人的数据和汇总用户种植植物的情况,如图 9-49 所示。我们把植物的种植计划设置在了个人信息里,可以在这里查看所有所种植的植物,如果当天有已成熟的植物,会以较大的字体及鲜艳的颜色来提示用户。

图 9-49　种植流程界面

3. 高保真原型设计

（1）界面设计风格。针对农场这一特殊主题，提出关键词：休闲、植物、健康、养生、关怀。根据关键词提取相关颜色制作情绪板，如图9-50所示。最后本案例选用了绿色和橘色作为基调进行设计，如图9-51所示。图标采用具象的元素，避免老年用户产生认知歧义，如图9-52所示。核心功能的高保真交互界面，如图9-53所示。

图9-50 情绪板   图9-51 主色彩   图9-52 图标设计

图9-53 核心功能的高保真界面交互设计

（2）农场助手——"小蜜蜂"游戏化设计。小蜜蜂的设定起到了引导老人用户操作、提醒作物信息、情感化互动的作用。情感化互动的内容包括：浇水、施肥、除虫、转悠、开心、焦虑、生气、惊讶等，如图9-54所示。

图9-54　"小蜜蜂"游戏化设计

9.2.5　设计测试及反馈

1. 评估过程

评估时选择可用性基准测试的方法，邀请老人参与试用系统并观察其在操作中的使用问题，询问并记录老人行为。按照该应用的功能结构，小组成员规划了如表9-13所示的4个主线任务，以测试老人对任务的理解程度，总结在完成过程中的障碍，询问使用者的使用感受。

表9-13　测试任务列表

任务	特性描述
现在您需要种下山竹幼苗，您知道在哪里找到幼苗并种植成功吗	打理植物的认知 对于山竹幼苗的寻找，老人采用什么方式。对植物的种类划分是否理解并接受，会有其他的意外收获吗
种植成功后，您需要浇水	浇水互动界面 对频繁浇水后的反馈，是否理解和接受
查看任务，并完成答题任务，获取奖励	任务界面——考考你 对题目设置是否满意，获取答案后感受如何。您还会有了解更多知识的欲望吗
更多的养生知识和线下活动在社区，浏览看看	社区——线下活动 浏览方式是否符合老人的使用习惯。提供的养生内容是否满意，线下活动类型还希望有哪些

2. 结果分析

依照测试任务文档，首先进行测试前说明（向用户大致介绍本款App，且先让用户自己想象可有的功能），接下来让用户体验银幸农场App（模型），再针对用户使用，围绕拟定题目做访谈，主要以录音形式记录。

（1）样本背景。5位测试者，平均年龄60.8岁。日常使用的App，如微信、开心消消乐等操作无障碍，且平日有部分自由支配的时间去娱乐，如麻将、闲聊。几位测试者都与目标用户的特征相符合，详细背景如表9-14所示。

表9-14 被试者背景信息表

测试者	性别	年龄	基本信息/日常活动
1	女	58	最喜欢开心消消乐，喜欢打麻将，个人爱好唱歌
2	女	63	家务承担者，有一些种植经验和常识，但对智能手机操作掌握不是很好
3	男	61	在家养了许多花草和鱼，都精心照料，平时就用微信、今日头条
4	男	62	平日关注新闻，了解科技，保持对新鲜事物的好奇心
5	女	60	每天做做饭、溜达、练习太极，关注养生，已经看完了《黄帝阴符经》

（2）可用性测试评分量表，如表9-15所示。

表9-15 可用性体验量表结果分析

功能		用户体验细节	平均分
管理作物	视觉设计	布局合理	4.1
		icon语义易理解不混淆	3.6
	页面操作性能	很快掌握并使用	3.5
		页面逻辑设计合理不容易引起误操作	4.0
		图标尺寸合理易点击	3.9
	信息设计	界面架构清晰简洁	3.6
		界面信息分类合理，易于理解	4.0
分析		浇水等操作容易引起理解偏差，用户会思考"多次浇水后，我的作物是不是就死掉了"，此处应该加入不再浇水的反馈	
"考考你"答题	视觉元素	页面图标设计辨识度高	3.3
		页面图标布局合理	3.8
	信息反馈	反馈明晰	4.0
		答题反馈是否及时和满意	3.8
分析		界面设计体验基本达成目标，答题阶段反馈不够丰富，没有对与错的及时反馈	

续表

功能		用户体验细节	平均分
社区	操作逻辑	分类合理,能准确选择到需要的目录	3.6
		采用瀑布流的形式是否合理	4.0
	适用性	适用大部分中老年人	4.1
		操作流程清晰明显	3.8
分析		进入养生知识feed流的层级过于深,且对于分类的选择也不需要太细致,因为用户也不能准确知道需要什么方面的知识,他们可能更需要泛泛浏览	

　　基于对可用性测试的数据分析,系统具有较好的界面质量,容易掌握使用且不易引起误操作,信息的组织性良好;App功能基本实现种植及养生知识普及的需求,具备较好的情感体验;老人在使用中做部分任务时间较长,因此需要优化使用流程,使系统更加方便易用。

　　3. 迭代设计

　　综合可用性测试的结果分析和重要程度,本次优化了3个体验,详情如下:

　　(1)用户首次登录后获得免费体验权利,完成注册即可享用。用户在进入应用后会出现一个弹窗提示免费体验三个月的活动,若想体验则需要注册,降低了用户使用的门槛,让企业更容易初步获得用户量,若体验良好,可以继续付费体验,以此大大提升了用户转换率,如图9-55所示。

图9-55　增加免费体验

　　(2)加入答题时对与错的视听反馈——音效和勾叉。根据用户的意见反馈,在用户选择答案后及时给出对与错的反馈尤其重要。在此,选用游戏里通关和错误的音效巩固品牌形象,达到游戏化体验。视觉上,对勾选用绿色,叉选用红色,符合用户基本认知,如图9-56所示。

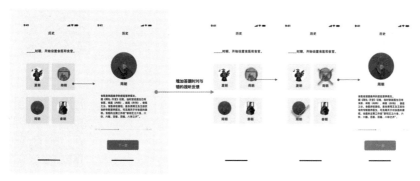

图9-56　优化答题反馈

（3）提高养生知识瀑布流的层级,弱化分类概念。在测试后,使用者表示他们也不能准确知道需要什么方面的知识,有时更需要泛泛浏览便可。所以减轻了用户的决策难度,缩短到达养生知识瀑布流的路径,直接按照大类浏览,如图9-57所示。

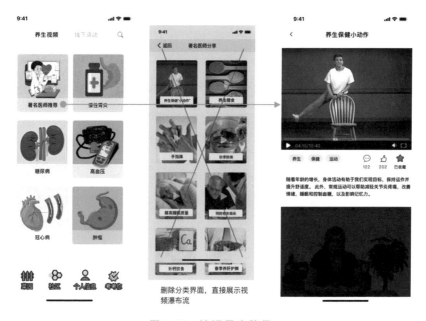

图9-57　缩短用户路径

附录一　访谈大纲

访谈大纲

附录二　访谈记录

访谈记录

附录三　饮食疗养具体介绍

饮食疗养具体介绍

附录四　PRD产品需求文档

PRD产品需求文档

附录五　DRD交互说明文档

DRD交互说明文档

附录六　银幸农场交互案例

银幸农场交互案例